LZ 130 „Graf Zeppelin"

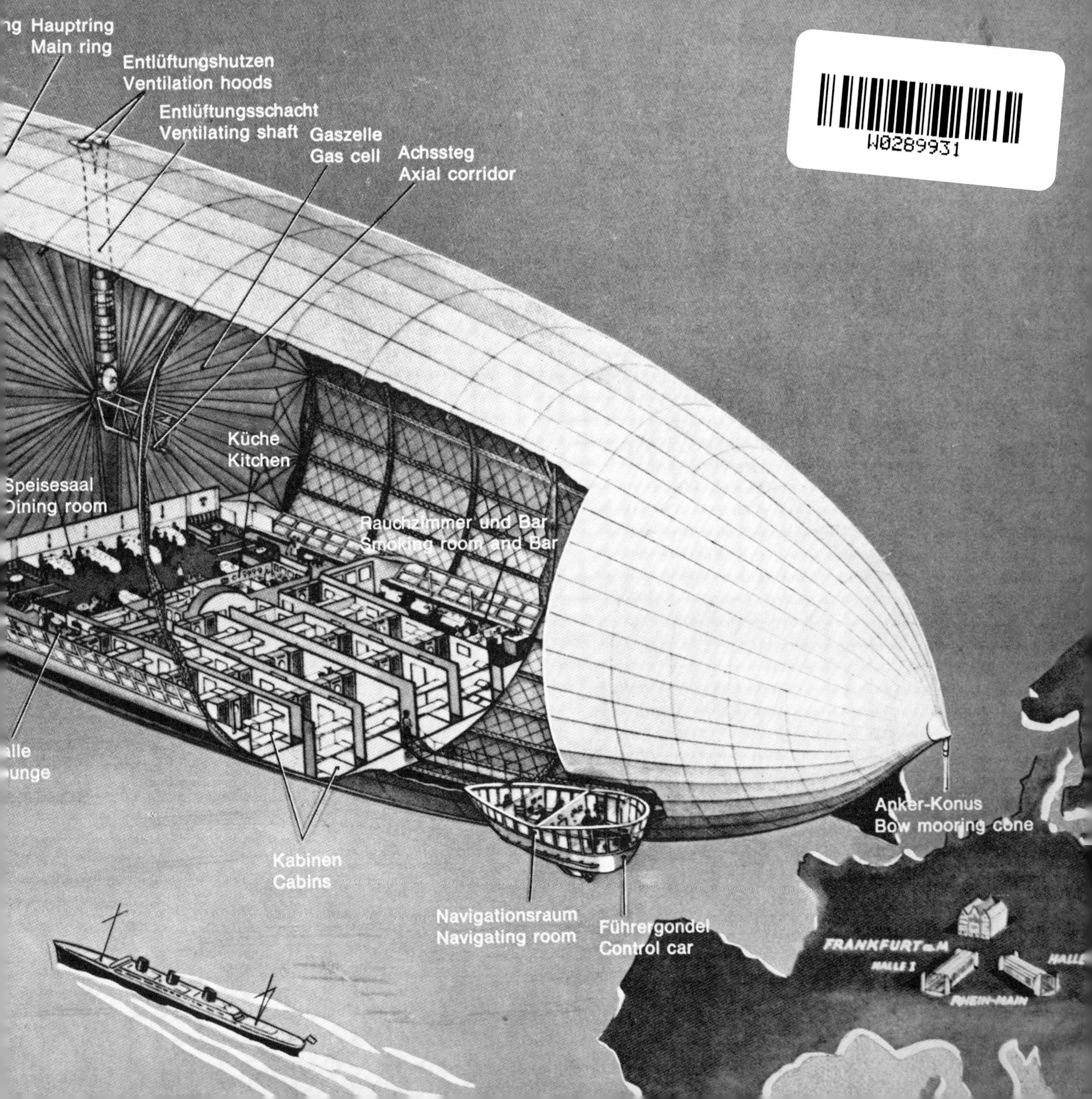

Peter Meyer · Luftschiffe – Die Geschichte der deutschen Zeppeline

Peter Meyer

Luftschiffe

Die Geschichte der deutschen Zeppeline

175 Fotos, 7 Skizzen und 2 Karten sowie 5 Farbabbildungen

Bernard & Graefe Verlag

Das Foto des Schutzumschlages zeigt das Luftschiff Z III, das am 4. 9. 1909 mit Mitgliedern des Reichstages an Bord den Bodensee bei Lindau überfliegt. (Nach einem Gemälde von Professor Diemer)

1. Auflage: Verlag Wehr & Wissen, Koblenz/Bonn

Lithos: Repro GmbH, Ergolding/Landshut
Satz: Fränkische Gesellschaftsdruckerei, Würzburg
Druck und Bindung: Grafos S.A., Barcelona
Printed in Spain

ISBN 3-7637-5951-4

Inhalt

Vorwort

Wenn heute noch immer – 40 Jahre nach dem Ende der Zeppelin-Luftschiffahrt – Bücher darüber entstehen, muß dies wohl dem besonderen Interesse entspringen, das die Menschen unseres fortschrittlichen Erdteils der Erfindung meines Großvaters, einem frühen Wegbereiter des Weltluftverkehrs, entgegenbringen. Dies ist sicher nicht nur eine Frage der Nostalgie. Eher läßt es sich damit begründen, daß es heute kein so formschönes, bequemes und sicheres Luftfahrzeug mehr gibt, in dem zu reisen Erlebnis und Erholung gewesen ist. Es soll auch nicht vergessen sein, daß der gesamte Metall-Flugzeugbau auf den gewonnenen Erfahrungen der Zeppelin-Werft aufgebaut hat.

Nachdem es in die Hände der jüngeren Generation gelegt ist, die Entwicklung des Luftverkehrs zu steuern, wünsche ich diesem Buch, daß sie daran Gefallen finde und es besonders von der Jugend beachtet wird, an die sich auch mein Großvater mit besonderer Vorliebe gewandt hat.

Isa v Brandenstein-Zeppelin

Isa von Brandenstein-Zeppelin

Allgemeines über das Luftschiff

Im ersten Drittel unseres Jahrhunderts hatte es den Anschein, als ob Luftschiff und Flugzeug gemeinsam den Luftverkehr der Zukunft bestimmen würden; denn LZ 127 »Graf Zeppelin« hatte bewiesen, daß fast jeder Punkt der Erde auch mit dem Luftschiff erreichbar war. Aber die Katastrophe in Lakehurst und der Zweite Weltkrieg setzten der Luftschiff-Ära ein Ende.
In der Luftschiffhalle erfolgte die Abfertigung der Passagiere, ebenso der Fracht und der Post. Danach wurde das Schiff durch Abgabe von Wasserballast ›abgewogen‹, d. h. Auftrieb und Belastung wurden ausgeglichen. Dann wurde es aus der Halle gefahren. Die Bugspitze war an einem fahrbaren Ankermast befestigt; das Heck ruhte auf dem Heckwagen. Außerdem war das Schiff an seitlich angebrachten Laufkatzen festgelascht. Langsam bewegte es sich, gegen Seitenwinde abgesichert, auf den Platz vor der Halle zu, der ähnlich einer Eisenbahndrehscheibe mit Gleisen versehen war. Im Mittelpunkt wurde der Mast verankert. Langsam schwenkte das Heck in den Wind ein. Lag es richtig, wurde der Heckwagen gelöst; es er-

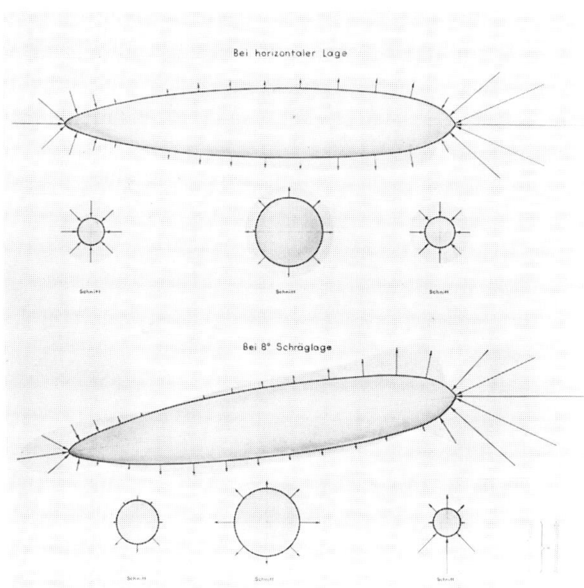

Stabilität: Druckkörperverteilung am Luftschiffkörper

Landeschema eines Luftschiffes: A = Auftrieb 24 000 kg bei 8 m/sek Wind
B = Quertrieb 23 000 kg bei 8 m/sek Wind

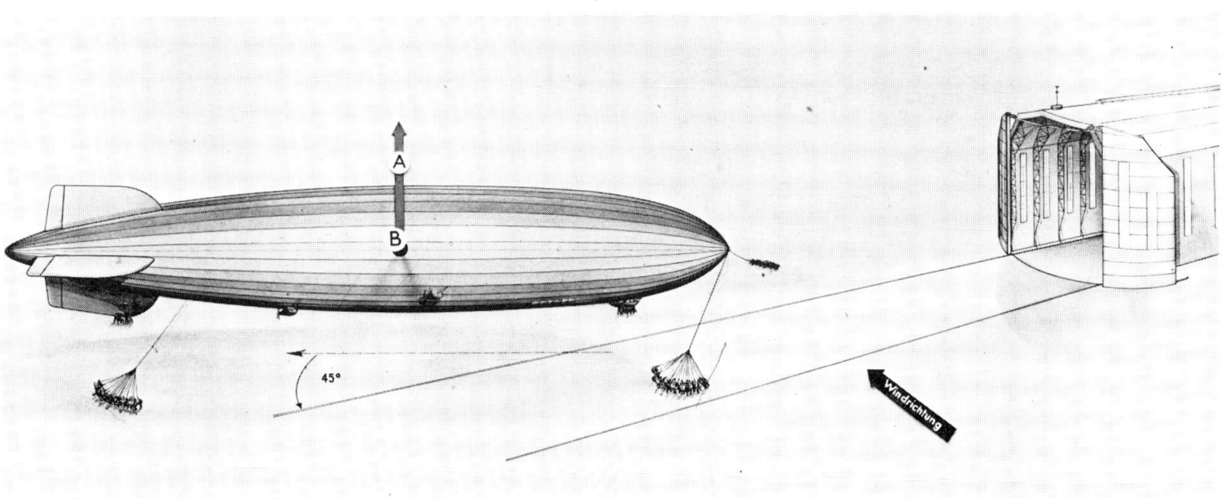

folgte eine zweite Verwiegung, wobei das Schiff um 500 kg bis 1000 kg leichter gemacht wurde. Nach dem Startkommando ›Luftschiff hoch‹ wurde es vom Mast gelöst, es erhob sich, die Motoren wurden angelassen, und die Fahrt begann.
Auch das ›Trimmen‹ eines Luftschiffes stellte die Besatzung vor eine schwierige Aufgabe. Durch falsche Belastung konnte das Schiff ›vertrimmt‹ werden, und das Gerippe konnte durch einseitige Belastung in Mitleidenschaft gezogen werden. So war man genötigt, vor jeder Fahrt einen Trimmplan über die genaue Verteilung aller Lasten aufzustellen. Auch während der Fahrt wachte man sorgsam über das Verhalten des Schiffes und den Verbrauch des Brennstoffes, um eine Vertrimmung zu vermeiden.

Zur Landung fuhr das Luftschiff in Windrichtung an. Bevor man die Fahrt stoppte und die Landetaue warf, mußte das Schiff ›ausgewogen‹ sein, d. h. es mußte ohne Motorkraft in der Luft ›schwimmen‹. Wäre es ›leichter als Luft‹ gewesen, hätte es die Haltemannschaft eventuell mit in die Höhe gerissen. Bei einem »Zeppelin«, der flüssigen Brennstoff in seinen Motoren verbrannte, mußte für jedes verbrannte Kilogramm Brennstoff 1 cbm Wasserstoff abgeblasen werden. Dieses Auswiegen durch Abblasen von Wasserstoff war ein umständliches Verfahren. Darum entwickelte man später einen gasförmigen Betriebsstoff (ein Gemisch aus Propan und Wasserstoff), der etwa dem spezifischen Gewicht der Luft entsprach. Dadurch veränderte sich beim Verbrauch des Gases in den Motoren der Gewichtszustand des Luftschiffes nicht mehr. Dieser gasförmige Betriebsstoff war in besonderen Gaszellen untergebracht. LZ 127 ›Graf Zeppelin‹ hatte elf solcher Kraftgaszellen, die unterhalb seiner sechzehn Auftriebszellen – der Gaszellen für den Wasserstoff – untergebracht waren. War das Schiff von den Haltemannschaften herabgezogen worden, so wurde es, immer in Windrichtung, zum Mittelpunkt des Rundgleises vor der Halle gebracht. Man befestigte die Bugnase am Ankermast und verankerte das Heck am Heckwagen. Nach der seitlichen Sicherung an Seilzügen und Laufkatzen glitt das Schiff, durch den Elektromotor des Ankermastes bewegt, in die Halle. Die Passagiere stiegen aus; die Entladung der Post und der Fracht begann.
Die Bodenorganisation stellte einen wichtigen Bestandteil des Luftschiffbetriebes dar. Ein Pflegetrupp, der neben der Schiffsbesatzung für die Instandhaltung sorgte, stand stets in Bereitschaft. Er war notwendig, um die Besatzung zu entlasten und zahlreiche Aufgaben vor Antritt der nächsten Fahrt zu erfüllen. Schiffskörper, Zellen, Motoren und Instrumente wurden von besonderen Fachleuten gewartet. Während der Liegezeit in der Halle war das Luftschiff mit Sandsäcken beschwert. Bei größeren Fahrtpausen konnte es in seiner Halle aufgehängt werden. Vor jeder Ausfahrt wurden die Motoren zu einem Probelauf angelassen, Steuer- und Kommandoinstrumente wurden sorgfältig geprüft. Sodann füllte man Betriebsstoff und Ballastwasser ein.
Die Inneneinrichtung des Schiffes mußte dem Tragevermögen in sinnvoller Weise angepaßt werden. Man hatte den damaligen Flugzeugen gegenüber den großen Vorteil, den Fahrgästen bequemes Reisen mit allen Vorzügen eines erstklassigen Service bieten zu können. Bei den ersten Verkehrsluftschiffen der DELAG vor dem Ersten Weltkrieg war die Unterbringung der Fahrgäste noch recht einfach; später waren die Gasträume sehr komfortabel. Außerdem trennte man die den Gästen vorbehaltenen Räumlichkeiten von Führergondel und Maschinengondeln ab. Die Luftschiffe LZ 120 ›Bodensee‹ und LZ 121 ›Nordstern‹, die vorwiegend für den Tagesverkehr gebaut waren, hatten eine Ausstattung ähnlich der eines Eisenbahnwaggons, jedoch konnten die Sitze in Betten umgewandelt werden.

Bei LZ 127 ›Graf Zeppelin‹ machte man sich alle Erfahrungen zunutze, die man in langen Jahren des Luftschiffbaues gewonnen hatte. Er erhielt eine Einrichtung für 20 Passagiere. In besonderem Maße hatte man das leibliche Wohl der Gäste im Auge. So erhielt die Bordküche einen Elektroherd und Kühlschränke. Es gelang dem Küchenpersonal, täglich für rund 60 Personen (Fahrgäste und Besatzung) eine abwechslungsreiche Kost zu servieren. Die Fahrgasträume waren vorn unter dem Gerippe im Anschluß an den Führerraum angeordnet. Der erste Raum war Aufenthaltsraum und Speisesaal. Vier ausziehbare Tische und bequeme Sessel boten ausreichend Platz, um die Passagiere bei den Mahlzeiten oder zum gemütlichen Beisammensein zusammenzuführen. Von diesem Raum aus betrat man einen Gang, in den beidseitig fünf Doppelkabinen mündeten. Hier waren breite Sofas, die nachts in Betten umgewandelt wurden. Klapptische und Kleiderschränke vervollständigten die Einrichtung. Den Abschluß bildeten vier Waschräume.

Kapitän von Schiller erläutert den Fahrgästen die Standortmeldung

Fahrgastraum des LZ 127

Aufenthaltsraum

Tafelservice Selb 102 »Bavaria«

Als LZ 129 ›Hindenburg‹ gebaut wurde, nahm man die Fahrgasträume ins Schiffsinnere und gewann auf diese Weise zwei übereinanderliegende Decks, die Platz für 55 Passagiere boten. Die zur Verfügung stehende Grundfläche des LZ 129 war erheblich größer.

Der Luftwiderstand der Hauptgondel, die nur noch als Führergondel fungierte, war wesentlich geringer. An

Bordküche

den geräumigen Zwei-Bett-Kabinen mit fließendem kalten und warmen Wasser vorbei gelangte man in den großen Speisesaal. Daneben waren eine Halle und Schreib- und Lesezimmer. Im Gesellschaftsraum stand ein Blüthner-Flügel aus Leichtmetall. Im Unterdeck befand sich sogar ein Rauchsalon, den man nur durch eine Schleusentür betreten konnte. Ein besonderes Lüftungssystem sorgte für den Abzug des Rauches. Wasserstoff ist zwar wegen der Explosionsgefahr ein gefährliches Treibgas, wie sich später in Lakehurst bewies; solange jedoch eine vorzüglich geschulte Besatzung ständig die Anlagen im Inneren des Luftschiffes kontrollierte, war nichts zu befürchten, und der Einbau eines Rauchsalons im LZ 129 war in keiner Weise für die Lakehurstkatastrophe verantwortlich. LZ 129 hatte große Fenster, die den Passagieren Gelegenheit gaben, einen Blick auf die Landschaft zu werfen. Wandelgänge ermöglichten freies Bewegen. Die Kücheneinrichtungen waren ebenfalls weiter verbessert worden. Zum Frühstück erhielten die Fahrgäste frische (an Bord gebackene) Brötchen mit diversen Beilagen. Zum Mittagessen wurden verschiedene warme Gänge gereicht, und zum Nachmittagskaffee gab es Kuchen und Torte. Auch die Abendmahlzeit war vorzüglich. Dem Obersteward standen Stewards und ein gut ausgebildetes Küchenpersonal zur Verfügung.

Die Bar hielt die besten Weine bereit. Ein sinnvoll angelegtes Kühlsystem sorgte für wohltemperierte Speisen und Getränke.

Welche »Last« bedeutete ein Passagier für ein Luftschiff? Im Ballastplan des LZ 127 und LZ 129 waren die Passagiere mit der gesamten Ausrüstung als ›feste Last‹ berechnet. Mit 20 kg Freigepäck setzte man pro Passagier rund 100 kg ein. Hinzu kamen die Einrichtungsgegenstände seiner Kabine, ferner Getränke, Lebensmittel, Waschwasser und viele andere Dinge mehr. So ermittelte man, daß ein Fahrgast für eine Reise nach Südamerika rund 300 kg ›wog‹. Das Schiff beförderte auch Post und Fracht. Besonders die Briefmarkensammler kamen auf ihre Kosten, denn alle Sendungen, die vom Luftschiff befördert wurden, trugen den Bordstempel, der inzwischen zu den philatelistischen Raritäten gehört. Im Nord- und Südamerikadienst wurden Pakete bis zu 20 kg und mit einem Umfang von 50 x 50 x 100 cm befördert. An Fracht sah man die verschiedensten Dinge an Bord, vom Kanarienvogel bis zum Sportflugzeug. Die Fahrgäste kamen aus allen Teilen der Welt; die deutsche Luftschiffahrt war zum internationalen Unternehmen geworden.

Wie fährt ein Luftschiff?

Legt man einen Gegenstand auf den Boden eines mit Wasser gefüllten Gefäßes, so versucht das verdrängte Wasser, den eingetauchten Körper in die Höhe zu heben, so daß eine scheinbare Gewichtsverminderung entsteht. Diese in Kilogramm ausgedrückte Hubkraft nennt man Auftrieb.

Das Archimedische Prinzip sagt: »Ein in eine Flüssigkeit getauchter Körper verliert (durch den Auftrieb) soviel von seinem Gewicht, wie das Gewicht der von ihm verdrängten Flüssigkeitsmenge beträgt«. Unsere Atmosphäre ist ein Luftmeer, in dem jeder Körper, wie in Wasser, einen Auftrieb erleidet. Nur ist das Gewicht der Luft fast tausendmal geringer als Wasser (1 Liter Luft = 1,293 g; 1 Liter Wasser = 1 kg). So merkt man den Auftrieb in der Atmosphäre nur bei Luftdruckunterschieden oder bei einem Vergleich von Luft mit einem anderen Gas. Wenn wir sagen: 1 Liter Luft wiegt 1,293 g, so bezieht sich das auf den Normalbarometerstand von 760 mm Quecksilbersäule und auf 0° C. Da das Gewicht der Luft also von Luftdruck und Temperatur abhängt, ändert sich bei Höhenveränderung auch der Auftrieb eines Körpers in der Atmosphäre. Durchweg sinkt der Luftdruck bei 100 m Aufstieg um 10 mm; der Auftrieb sinkt um 1% bei 10 mm Luftdruckabnahme. Um ein Luftschiff steigen zu lassen, muß man es also mit einem Gas füllen, das leichter als Luft ist. Die leichtesten bekannten Gase – und damit die wichtigsten Füllgase – sind Wasserstoff (1 Liter = 0,09 g) und Helium (1 Liter = 0,178 g). Aus dem Unterschied dieser Gewichte gegen Luft ergibt sich dann der Auftrieb. Kältere Luft ist schwerer und wirkt daher wie eine Luftdruckzunahme, und der Auftrieb wird vergrößert, während ein warmer Luftstrom verlangsamend auf den Auftrieb wirkt. Gase dehnen sich bei einer Temperaturzunahme von 1° C um 1/273 ihres Volumens aus. Für LZ 127 mit seinem großen Volumen bedeutete das einen Tragkraftunterschied von ± 400 kg. Ebenso wichtig sind Höhenunterschiede. Die größte Nutzlast kann ein Luftschiff mitnehmen, wenn es in Meereshöhe startet, weil der Luftdruck am Meeresspiegel am größten ist. Friedrichshafen liegt 400 m über dem Meeresspiegel, Frankfurt am Main nur 100 m. Aus solchen Erwägungen heraus – und weil Frankfurt verkehrstechnisch zentraler liegt – verlegte man später den Fahrbetrieb der Luftschiffe von Friedrichshafen nach Frankfurt, was für LZ 127 einen Gewinn von 3000 kg Tragfähigkeit bedeutete. Größere Höhen mußten Luftschiffe möglichst meiden; aber die Verkehrsluftschiffe waren ja auch vorwiegend Fahrzeuge der Weltmeere.

Wir unterscheiden zwei Arten von Auftrieb. Luftballone nutzten ausschließlich den vorher beschriebenen ›statischen Auftrieb‹. Flugzeuge, die ›schwerer als Luft‹ sind, müssen sich ihren Auftrieb erst künstlich schaffen. Durch den schnellen Vortrieb der Propeller oder Düsen entsteht über den Tragflächen eine Saugwirkung. Diese nach oben gerichtete Kraft, die das Flugzeug in der Luft hält, nennt man ›dynamischen Auftrieb‹.

Das Luftschiff nun besitzt neben dem durch die Gasfüllung bedingten statischen Auftrieb auch eine gewisse dynamische Hubkraft, die durch Schrägstellen der Höhenruder bei Fahrt erzeugt wird. Diese dynamische Hubkraft überlagert somit die bei einer Fahrt auftretenden Veränderungen des statischen Auftriebs. Der statische Auftrieb, das ›Sich-in-der-Luft-halten‹, überwiegt jedoch, und die Fortbewegung der Luftschiffe nennt man deshalb ›Fahren‹, im Gegensatz zum dynamischen Vorgang des ›Fliegens‹ der Flugzeuge.

Ferdinand Graf Zeppelin

In den ersten Jahren dieses Jahrhunderts gab es in Deutschland eine Reihe brauchbarer Luftschiffkonstruktionen (Schütte-Lanz, Parseval, Groß-Basenach u. a.), doch zeigten sich die zeppelinschen Starrluftschiffe bald allen andern überlegen. Sie wurden nach ihrem Erfinder und Erbauer, dem Grafen Zeppelin, benannt.
Graf Ferdinand von Zeppelin wurde am 8. Juli 1838 in dem heutigen Insel-Hotel in Konstanz geboren und starb am 8. März 1917 in Charlottenburg. Sein Grab ist auf dem Pragfriedhof in Stuttgart. Seine Jugendjahre verbrachte er auf Schloß Girsberg, einem ehemaligen thurgauischen Herrensitz bei Kreuzlingen am Bodensee. Nach Abschlußprüfung an der höheren Schule in Cannstatt begann er seine Offizierslaufbahn im Württemberg. Infanterieregiment Stuttgart. Dort besuchte er die Kriegsschule und das Polytechnikum. Nach dem Studium an der Universität Tübingen wurde der Premierleutnant von Zeppelin 1863 vom Heer beurlaubt, um als militärischer Beobachter am amerikanischen Sezessionskrieg teilnehmen zu können. Er schloß sich den Truppen der Nordstaaten an. Am 19. August 1863 nahm er in einem Ballon an einem Erkundungsflug teil. Möglicherweise verfolgte er schon damals den Gedanken, Luftfahrzeuge zu bauen. Im Deutsch/Französischen Krieg 1870/71 hatte er Gelegenheit, die Tätigkeit französischer Ballone zu beobachten, die das belagerte Paris mit wichtigen Nachrichten versorgten. Als er, in die Heimat zurückgekehrt, eine Schrift ›Weltpost und Luftfahrt‹ in die Hände bekam, nahm ihn das Problem, einen lenkbaren Ballon herzustellen, gefangen, und er begann Pläne anzufertigen. Aus dem Jahr 1874 sind Tagebuchnotizen bekannt, die deutlich seine Gedanken ausdrücken: große Dimensionen, überlegene Treibkraft, verschieden große Tragzellen.
Von 1885–1890 war Graf von Zeppelin Württembergischer Gesandter und Bevollmächtigter beim Bundesrat in Berlin. 1890 verfaßte er ein Memorandum, in dem er die Machtvollkommenheit des preußischen Kriegsministeriums anprangert. In dieser Denkschrift heißt es wörtlich:

Graf Zeppelin als Major im Dragonerregiment 26 (Ulm) im Jahre 1876

»*... daß die ganze Entscheidung über Wohl und Wehe der württembergischen Offiziere in die Hand des von Preußen ernannten Kommandierenden Generals gelegt sei, daß dieser höchster militärischer Vorgesetzter und Antragsteller in Personalangelegenheiten in einer Person sei ...*«

Diese offene Kritik verübelte ihm Kaiser Wilhelm II. sehr, und der Graf wurde, erst 52 Jahre alt, als Generalleutnant verabschiedet. Es war ein harter Schlag für ihn, aber es machte ihn frei für die Erfüllung seines eigentlichen Lebenswerks: den Bau eines Starrluftschiffes. Das Ergebnis legte er 1894 einem Sachverständigengremium vor, das sich jedoch nicht für seine Pläne begeistern konnte. Er ließ sich trotzdem nicht beirren, reichte den Entwurf zum Patentschutz ein und erhielt am 31. 8. 1895 die Patentschrift. Die wichtigsten Punkte seiner Konzeption waren:

1. ein starres Aluminiumgerippe aus Ringen und Längsträgern
2. Steuerungsmöglichkeit mit Hilfe von Höhen- und Seitenrudern
3. schlanke Form
4. Anordnung von zwei getrennten Gondeln
5. feste Verbindung der Gondeln mit dem Aluminiumgerippe
6. Verbindungsgang zwischen den Gondeln
7. Einteilung des Gasraumes in eine Vielzahl gleich großer zylindrischer Zellen
8. Anbringung von Luftschrauben in der Höhe des Luftwiderstandsmittelpunktes

Wie sehr er von seiner sich selbst gestellten Aufgabe erfüllt war, beweist eine Tagebuchnotiz aus dem Jahr 1874:

»*Die Schönheit der Form zu empfinden ist die geheimnisvollste der Gewalten, die den Geist des Menschen beherrschen. Sie erscheint mir einer der schönsten Genüsse, die den Menschen beschieden sind.*«

LZ 1 vor der schwimmenden Halle von Manzell im Bodensee

Die Entwicklung der Luftschiffe

1898 gelang es Zeppelin, die ›Gesellschaft zur Förderung der Luftschiffahrt‹ zu gründen, die ein Aktienkapital von 800 000 Mark besaß, von dem er mehr als die Hälfte aus eigenem Vermögen aufbrachte.

Der Graf begann 1899 mit dem Bau seines ersten Luftschiffes, LZ 1, für das ihm der König von Württemberg ein Grundstück in der Bucht von Manzell am Bodensee zur Verfügung stellte. Hier errichtete er eine Halle, die auf 95 Pontons ruhend im See verankert war. Sie war 140 Meter lang, 20 Meter breit und 30 Meter hoch, wodurch ein unproblematisches Arbeiten am Schiff ermöglicht wurde.
Zu jener Zeit traf ein junger Techniker, Ludwig Dürr, in Friedrichshafen ein und übernahm die Stelle des verstorbenen Ingenieurs Kobler. Hin und wieder kam es zwischen ihm und dem Grafen zu Auseinandersetzungen. Dürr hatte bereits vor dem Bau des Luftschiffes auf die Schwankungen der schwimmenden Halle hingewiesen und von einer Montage in ihr abgeraten. Tatsächlich riß ein Sturm die noch unfertige Halle an zwei aufeinanderfolgenden Julitagen des Jahres 1899 von dem 40 Tonnen schweren Zementblock los, der 800 Meter vom Ufer entfernt unter ihr im Bodensee versenkt worden war. Daraufhin wurde die Halle mit schweren Marineankern befestigt. Aber auch diese waren nicht stark genug gegen ein heftiges Unwetter im Februar 1900. Die Trossen, die das Luftschiff festhalten sollten, rissen wie dünne Fäden, und die Halle wurde mitsamt ihrem kostbaren Inhalt an Land geworfen, wo sie bis zum Frühjahr liegenbleiben mußte, da der Bodensee Niedrigwasser führte. Als sich der Wasserspiegel wieder zu heben begann, schleppte man sie an ihren alten Platz in der Manzeller Bucht zurück.
Mitte Juni trafen die Flaschen mit dem komprimierten Wasserstoff ein, und Major Sperling reiste aus Berlin an, um das Füllen der Gaszellen zu überwachen.
Das Gerippe des Luftschiffes war mit Leinwand bespannt, die man mit einem guten Zelluloselack haltbar und wetterfest gemacht hatte. Vier Propeller wurden paarweise von je einem Daimler-Motor angetrieben.

Dr. Dürr in Manzell (1909)

Die Steuerung erfolgte über bewegliche Ruder an Bug und Heck. Eine kielähnliche Konstruktion verstärkte das unter dem Schiff befestigte Gerüst; denn außer der Führer- und Passagiergondel war hier das gesamte Zubehör untergebracht. Zwischen den Gondeln war eine Gleitschiene montiert, an der ein schweres Bleigewicht beweglich angebracht war, das die horizontale Lage des Schiffes bestimmen sollte.
Am 2. Juli 1900 war der erste Start. An den Ufern des Bodensees hatte sich eine riesige Menschenmenge eingefunden, um die Jungfernfahrt mitzuerleben. Auf kleinen Booten und Dampfern beobachteten die Schaulustigen die Vorbereitungen, und es war schwierig, sie von der Halle fernzuhalten, in der das mit brennbarem Wasserstoff gefüllte Luftschiff lag.
Gegen 18.00 Uhr wurde das Floß, auf dem LZ 1 ruhte, aus der Halle bugsiert. In der Führergondel hatten sich Graf Zeppelin, Baron Bassus und Ingenieur Burr eingefunden. In der zweiten Gondel waren der Afrikareisende Dr. Wolff und die Maschinisten Eisele und Groß.

Der kleine Schleppdampfer ›Buchhorn‹ zog nach einem Handzeichen des Grafen LZ 1 gegen den Wind. Eine Klappe verdeckte die Schornsteinöffnung, denn ein Funkenflug hätte dem Luftschiff sehr gefährlich werden können. Die Motoren sprangen an, und um 20.03 Uhr erhob sich das Schiff unter dem Jubel der Menge. Einige Kehren über dem See gelangen ohne Schwierigkeiten; aber dann brach der Hebel des Laufgewichts, und man mußte bei Immenstaad notwassern. Unglücklicherweise spießte sich LZ 1 an einem Fischernetzpfahl auf und erhielt ein Leck.

So endete diese erste Fahrt nach nur achtzehn Minuten! Und doch waren alle Voraussetzungen zur Fortsetzung der Fahrt gegeben, wenn der Defekt am Laufgewicht nicht aufgetreten wäre. Die ›Buchhorn‹ schleppte LZ 1 nachts wieder in die Halle zurück.

Diese erste Ausfahrt hat Graf Zeppelin in seinem Tagebuch noch einmal zusammengefaßt:

»Die Unterbringung des Fahrzeuges in der auf dem See schwimmenden Halle ging glatt vonstatten...

Das Fahrzeug hat, obwohl die teilweise Füllung mit nicht reinem Gas einen Minderauftrieb von ungefähr 300 kg nach sich zog, noch eine genügende Menge von Ballast mit hochheben können: 350 kg, von welchen es 270 kg zurückbrachte... Sobald die Schrauben in Gang gesetzt waren, folgte das Fahrzeug der Steuerung willig. Die waagerechte Lage konnte immer wieder erreicht werden, obgleich der bald eingetretene Bruch einer Kurbel die Verwendung der Winde für das Laufgewicht verhinderte. Das Herabschweben auf den See erfolgte trotz bedeutender und rascher Gasabgabe und nur geringer Ballastabgabe so sachte, daß die Landung auch auf festem Boden unbedenklich erscheinen muß...«

Während der Reparaturarbeiten, bei denen man das Laufgewicht ins Innere verlegte, kam wieder ein starker Sturm auf, der die Halle hin und her warf. Die heftigen Erschütterungen führten zum Bruch mehrerer Tragringe des Schiffsrumpfes. Die Behebung des Schadens nahm zwei Wochen in Anspruch.

Am 17. Oktober 1900 wurde LZ 1 erneut von der ›Buchhorn‹ aus der Halle gezogen. Brummend sprangen die Motoren an. Ruhig und gleichmäßig kreiste das Luftschiff über dem Bodensee.

Nach etwa 80 Minuten Fahrzeit versagten die Motoren. Aus einer Höhe von 300 Metern sackte LZ 1 ab,

Vor jedem Start eines Luftschiffes wurden die Wetterverhältnisse geprüft

mußte wassern und wieder in die Halle zurückgeschleppt werden. Des Rätsels Lösung: Der Mann, der für die Benzintanks verantwortlich war, hatte versehentlich ein Faß mit destilliertem Wasser gefüllt!
Nachdem man die Treibstoffbehälter gründlich gereinigt hatte, startete LZ 1 drei Tage später von neuem. Diesmal blieb er nur 23 Minuten in der Luft, denn die schwachen Motoren waren einem plötzlich aufkommenden, sehr lebhaften Wind nicht gewachsen. Dennoch war dieser kurze Flug eine erstaunliche Leistung: LZ 1 hatte eine maximale Geschwindigkeit von 9 m/sek erreicht und damit das im Ausland so sehr bewunderte französische Luftschiff ›La France‹ um 3 m/sek übertroffen!
Trotzdem gab es weitere Schwierigkeiten. Es stellte sich heraus, daß die Zellen undicht waren und dadurch täglich 200 cbm Gas verlorengingen. Eine Anlage zur Aufbereitung von Wasserstoff war nicht vorhanden, so daß dieser unter erheblichen Kosten von außerhalb herangeschafft werden mußte.
Für die dritte Fahrt schickte die Heeresluftschiffabteilung 250 Flaschen Gas. Unterwegs, auf irgendeiner kleinen Station, wurde der Waggon mit den Behältern versehentlich abgehängt und auf ein Nebengleis geschoben. Erst als der den Transport begleitende Soldat heftig protestierte, hängte man den Wagen an einen Personenzug, der noch rechtzeitig am Bodensee eintraf. Die Zeit drängte. Außer dem König und der Königin von Württemberg waren viele prominente Persönlichkeiten eingeladen, deren Gutachten für den Grafen von größter Wichtigkeit waren.
Am 24. Oktober, um 17.03 Uhr, erhob sich das Luftschiff vom Bodensee. Während dieser Fahrt wurde eine Geschwindigkeit von 8 m/sek erreicht. Trotzdem fiel das Gutachten des Inspekteurs der Verkehrstruppen negativ aus: »LZ 1 ist nur als wertvolles Versuchsstück anzusehen und ist militärisch zur Zeit nicht verwendbar.«
Zu dieser Enttäuschung kam noch die Tatsache, daß die finanziellen Mittel erschöpft waren. Die Aktionäre verweigerten die weitere Finanzierung, und so beschloß man die Auflösung der ›Gesellschaft zur Förderung der Luftschiffahrt‹. Schweren Herzens sah von Zeppelin sich gezwungen, die meisten seiner Mitarbeiter zu entlassen. Das Luftschiff wurde abgewrackt, die Halle demontiert und das Ganze als Altmaterial verkauft. Mit dem Erlös von 120 000 Mark entlohnte der Graf die Zeichner des Garantiefonds. Was nutzte ihm der Rote Adlerorden, den der Kaiser ihm für seine Verdienste verlieh! Ohne finanzielle Hilfe schien der Bau eines neuen Luftschiffes unmöglich zu sein.

Daten des LZ 1

Länge: 128,00 Meter
Durchmesser: 11,25 Meter
Volumen: 11 300 m³
Motoren: zwei vierzylindrige Daimler-Reihenmotoren von je 14,2 PS. Spitzenhöhe (theoretisch) 950 Meter
Geschwindigkeit: 9,0 m/sek
Anmerkung: Der Verbindungssteg war zwischen den Gondeln an starken Stahldrähten aufgehängt und wurde später durch Dreiecksträger ersetzt. Kegelradantrieb mit seitlichen Auslegern für die Propeller; ein Laufgewicht mit Winde als Höhensteuer; zwei Seitensteuer achtern seitlich.
Führung: Graf Zeppelin

LZ 2 – 1. Fahrt am 17. Januar 1906

Der Zeitungsverleger Scherl versuchte, Graf Zeppelin durch Aufrufe in seinen Blättern Hilfe zu verschaffen. Ein ›Notruf zur Rettung der Flugschiffahrt‹ sollte das deutsche Volk veranlassen, mit Geldspenden den Bau eines neuen Luftschiffes zu ermöglichen. Der Graf versandte frankierte Postanweisungen in alle Teile der Welt, doch flossen die Spenden nur spärlich. 15 000 Mark waren das unbefriedigende Ergebnis dieses Aufrufes.
Nun wandte er sich an die Firma, die ihm seinerzeit das Material zum Bau des LZ 1 geliefert hatte. Ein erster Erfolg bahnte sich an, als man sich bereit erklärte, ihm das Notwendigste zur Verfügung zu stellen.
Der König von Württemberg, der bewundernd die

Bemühungen des Grafen beobachtet hatte, genehmigte schließlich eine Lotterie, die 125 000 Mark einbrachte. Reichskanzler Graf Bülow steuerte aus dem Dispositionsfonds 50 000 Mark bei; doch reichte auch dieser Betrag nicht aus, und der Graf opferte aus seinem Privatvermögen weitere 100 000 Mark.
Vom Stamm seiner Mitarbeiter waren nur Ingenieur Dürr und zwei Nachtwächter übriggeblieben, und so mußten neue Hilfskräfte eingestellt werden.
An der alten Stelle in der Manzeller Bucht dröhnten nun wieder die Hämmer. Eine neue Halle wurde errichtet, und der Bau des LZ 2 begann. Dürr hatte sich in der Zeit der Untätigkeit Gedanken gemacht, wie man einen Neubau verbessern könne. Er ersetzte die Gitter- durch Dreikantträger. Auch die Höhensteuerung wurde wesentlich verbessert. Zwei Daimler-Motoren von je 85 PS und mit einem Gesamtgewicht von 400 kg sollten für den Antrieb sorgen.
Durch Verzögerungen wurde das Luftschiff erst im November 1905 fertig, als die ersten Winterstürme bereits über den Bodensee brausten. Als LZ 2 zu seinem ersten Start aus der Halle bugsiert wurde, packte ein Windstoß den Schiffskörper seitlich und schleuderte ihn gegen die Hallenwand. Die Reparaturen nahmen fast zwei Monate in Anspruch, und erst am 17. Januar 1906 lugte die Nase des LZ 2 wieder aus der Halle hervor. Die Motoren wurden angelassen. Das Schiff erhob sich, bekam aber sofort sehr starken Auftrieb und konnte erst in einer Höhe von 450 Metern ins Gleichgewicht gebracht werden. Plötzlich klemmten die Seitensteuer. LZ 2 bekam eine Schräglage von 20 Grad, wodurch die Motoren nicht mehr ausreichend mit Benzin versorgt wurden. So setzte zuerst der vordere , dann der hintere Motor aus.
Auf Anweisung des Grafen wurde der Ventilatorriemen gezogen und die Fahrt gestoppt. Steuerlos wie ein Ballon trieb das Schiff dem Allgäu zu. Nach Ziehen der Ventile in der Führergondel entwich Gas, und LZ 2 senkte sich zur Erde nieder. Der Kettenanker rasselte in die Tiefe und hakte sich im gefrorenen Boden eines Ackers fest. Die Gondeln schlugen einige Male hart auf. Dann gab es plötzlich einen scharfen Ruck: Die Ankerkette war gerissen! Haltlos entschwebte LZ 2 wieder in die Luft und trieb auf zwei Bauernhöfe zu. Dort senkte er sich wieder, streifte zwei Birken, wobei eine Abteilung des Schiffskörpers leicht eingedrückt wurde, und setzte sanft auf dem Boden auf.
Das war die erste ›Landung‹ eines Zeppelins auf festem Boden, die der Graf so sehr gefürchtet hatte. Bauern halfen der Besatzung schwere Steine herbeizuschleppen, an denen man das Luftschiff an Bug und Heck vertäute.
Unglücklicherweise kam in der Nacht ein sehr schweres Gewitter auf. Ehe man etwas unternehmen konnte, hatte der Sturm das Luftschiff völlig zerfetzt. Wäre es nur am Bug verankert worden, hätte es sich in den Wind drehen können und wäre dadurch wahrscheinlich seinem Schicksal entgangen. So aber blieb dem Grafen nichts anderes übrig, als den Befehl zum Zertrümmern seines Werkes zu geben. Mit Sägen und Äxten wurde LZ 2 völlig auseinandergerissen. Die Teile wurden auf Fuhrwerken nach Kißlegg transportiert, wo man das Metall einschmolz und an die Herstellerfabrik zurückschickte.
So endete die erste und einzige Fahrt des LZ 2!
Graf von Zeppelin mußte seine Arbeiter und Angestellten entlassen. Dr. Dürr, der die finanziellen Nöte des Grafen kannte, baute in der Manzeller Werkstatt auf eigene Kosten einen Windkanal, um die Wirkung von Luftströmungen auf den Schiffskörper zu studieren. Seine Modelle waren starken Schwankungen ausgesetzt, und erst als er auf die Idee kam, Gleichgewichtsflossen anzubringen, schwammen sie ruhig im Luftstrom. Diese Erkenntnis benutzte er, als er das dritte Luftschiff entwarf, für dessen Bau allerdings noch kein Geld vorhanden war.

Daten des LZ 2

Länge: 128,00 Meter
Durchmesser: 11,25 Meter
Volumen: 11 300 m³
Nutzlast: 2,8 Tonnen
Motoren: 2 vierzylindrige Daimler-Reihenmotoren von je 85 PS
Geschwindigkeit: 11,0 m/sek
Führung: Graf Zeppelin

Zu jener Zeit machte sich die militärische Führung bereits Gedanken über die Verwendbarkeit der Luftschiffe für den Fall eines Krieges. Kaiser Wilhelm II. hatte im Lauf langer Jahre eine kampfstarke Flotte bauen lassen, da er die Auffassung vertrat, daß sich ein militärischer Sieg überwiegend auf dem Wasser erzwingen lasse. Nun war mit den Luftschiffen ein neues Mittel vorhanden, das man als Waffe einsetzen konnte.
LZ 3 war das erste Luftschiff, das dem Heer später als Schulschiff diente (›Z I‹).

Heeresluftschiffe wurden anfangs mit Z und einer römischen Ziffer bezeichnet: von ›Z I‹ bis ›Z XII‹. Ersatzbauten der ersten an das Heer gelieferten Schiffe erhielten die Bezeichnung ›Ersatz Z I‹ usw. Ab Januar 1915 (ab LZ-Baunummer LZ 34) wurde beim Heer die Baunummer des LZ verwendet. Aus Tarnungsgründen wurden, ab Mitte Juni 1915, dieser Baunummer 30 zugezählt (ab LZ 42, der die Heeresnummer LZ 72 erhielt).

Die Marine bezeichnete ihre Luftschiffe mit ›L‹ und den Nummern von 1–72. Die in Auftrag gegebenen Marineluftschiffe L 25 bis L 29 wurden wegen Vergrößerung der Typen storniert.

LZ 3 (›Z I‹) – 1. Fahrt am 9. Oktober 1906

Einige Teile des LZ 2, die noch zu verwenden waren, ließ Graf Zeppelin zum Bodensee bringen und benutzte sie beim Bau des LZ 3. Im September 1907 fanden vier Probefahrten statt. Diesmal verzichtete man auf das Holzfloß, als das Luftschiff aus der Halle gezogen wurde. Das Motorboot ›Württemberg‹ besorgte die Bugsierarbeiten.

Als im Dezember 1907 ein Sturm die schwimmende Halle zum Sinken gebracht und das darin befindliche Schiff schwer beschädigt hatte, war man zum Bau einer neuen Halle gezwungen. LZ 3 wurde repariert und überfuhr in der Folgezeit ruhig und scheinbar schwerelos den Bodensee und dessen nähere Umgebung. Selbst der zuvor so skeptische Major Groß beschei-

Landung des LZ 3 (Z I) in Metz

nigte Graf Zeppelin, daß das Schiff gut in der Luft lag und seiner Steuerung gehorchte. Der ersehnte Erfolg schien nun in greifbare Nähe gerückt zu sein. Überall zollte man dem Grafen uneingeschränkte Hochachtung, obwohl man ihn vorher wegen seiner revolutionären Idee belächelt hatte.
Damals lebte in der Villa ›Monrepos‹ am Bodensee ein Gelehrter der Nationalökonomie, Dr. Hugo Eckener. Oft konnte er das Luftschiff beobachten, und einmal bat er den Grafen, ihn während einer Fahrt an Bord zu nehmen. Zeppelin erfüllte ihm, wenn auch knurrend, diesen Wunsch. Im Laufe der Zeit jedoch kamen sich die beiden charakterlich verschiedenen Männer menschlich näher, und Dr. Eckener wurde später einer der berühmtesten Luftschiffführer.
Die weiteren Fahrten des LZ 3 brachten gute Ergebnisse. Kaiser Wilhelm II. kam mit dem Kronprinzen zum Bodensee, besichtigte das Schiff, fand es gut und für militärische Zwecke geeignet. Nun bewilligte der Deutsche Reichstag endlich einen Betrag von zwei Millionen Mark, mit dem das Luftschiff vom Reich angekauft wurde.

Im Jahr 1908 wurde LZ 3, nun ›Z I‹, von 128,00 Meter auf 136,00 Meter verlängert und absolvierte mit großem Erfolg weitere Probefahrten, u. a. eine achtstündige Fahrt mit 25 Personen an Bord.

›Z I‹, wie nun die offizielle Bezeichnung lautete, wurde nach Metz überführt und diente dem Heer als Schulschiff.
1913 wurde ›Z I‹ abgewrackt, weil die Technik ihn inzwischen überholt hatte.

Daten des LZ 3 ›Z I‹

Länge: 128,00 Meter
Durchmesser: 11,25 Meter
Volumen: 11 300 m³
Nutzlast: 2,8 Tonnen
Motoren: 2 Daimler-Motoren von je 85 PS
Geschwindigkeit: 11,0 m/sek
Führung: bis zur Übergabe an das Heer Graf Zeppelin mit 45 Fahrten (4398 km)

nach Umbau:
Länge: 136,00 Meter
Durchmesser: 11,65 Meter
Volumen: 12 200 m³
Nutzlast: 2,9 Tonnen
Motoren: zwei Daimler-Motoren von je 100 PS
Geschwindigkeit: 11,0 m/sek
Führung: Major Sperling, Hauptleute George, Lohmüller

LZ 3 vor der Reichsluftschiffhalle in Metz

Beim Einhallen

LZ 3 mit den beiden Luftschiffhallen auf dem Bodensee

LZ 4 – 1. Fahrt am 20. Juni 1908

Der Bau des LZ 4 begann 1907 unter günstigen Bedingungen. Man machte sich die bisherigen Erfahrungen zunutze und baute eine drehbare Montagehalle auf dem Bodensee, die bei Start und Landung in die Windrichtung gedreht werden konnte. Noch waren am LZ 4 wichtige Restarbeiten vorzunehmen, als sich General von Einem aus Berlin zu einem Besuch anmeldete. Der Kriegsminister wollte am Start des Luftschiffes teilnehmen. Zwar hatte Graf Zeppelin Bedenken, den noch unfertigen LZ 4 zu starten, doch der Minister besaß großen Einfluß in Regierungskreisen, und so wollte man ihn nicht enttäuschen. Aber das Wetter verschlechterte sich zusehends. Über dem Bodensee hing eine tiefe, graue Wolkendecke. Die Halle drehte sich und schlingerte in den aufgebrachten Wellen. Das Schiff wäre mit größter Wahrscheinlichkeit beim Ausbringen zerschlagen worden. So sagte der Graf den Start ab, und mißgelaunt reiste der hohe Gast nach Berlin zurück.

Am 1. Juli 1908 gegen 8.00 Uhr startete LZ 4 mit zwölf Personen an Bord zu einer Fahrt in die Schweiz. Er überfuhr den Vierwaldstättersee und den Zürichsee und passierte gegen 15.00 Uhr Zürich. Nach dieser bisher längsten Fahrt von 12 Stunden landete man um 20.26 Uhr vor der Halle auf dem Bodensee.

Die Begeisterung war groß, und in den folgenden Tagen war die Presse des Lobes voll. Am 8. 7. 1908, anläßlich seines 70. Geburtstages, wurden Graf Zeppelin zahlreiche Ehrungen zuteil. Die Universität Tübingen ernannte ihn zum Ehrendoktor, und Stuttgart verlieh ihm die Ehrenbürgerschaft.

Das Reich war gewillt, auch LZ 4 zu kaufen, machte aber eine 24-Stunden-Fahrt zur Bedingung. Zur Beobachtung schickte man einige Reichskommissare nach Friedrichshafen. Am 15. Juli 1908 zog der neue Schleppdampfer ›Weller‹ LZ 4 aus der Halle. Inzwischen wehte ein leichter Südwestwind, der an Stärke rasch zunahm und das Schiff, als es fast zur Hälfte ausgehallt war, gegen die Wand schleuderte und schwer beschädigte. Zwei Gaszellen, beide Höhenruder und die Propeller waren vernichtet. Bei der Bergung machte sich der Dampfer ›Königin Charlotte‹ nützlich, der an der Unglücksstelle kreuzte. Enttäuscht kehrten die Kommissare dem Bodensee den Rücken.

Mit allen Kräften arbeitete man an der Wiederherstellung des LZ 4. Glücklicherweise standen durch den Verkauf des LZ 3 an das Heer ausreichende finanzielle Mittel zur Verfügung.

Nach Behebung der Schäden kehrten die Herren aus Berlin zurück, und bei völlig windstillem Wetter erfolgte am 4. August 1908 um 6.30 Uhr der nächste Start. Die Führung hatte Graf Zeppelin übernommen, Dürr bediente das Höhensteuer, Lau und Hacker das Seitensteuer. Ingenieur Stahl, Baron Bassus und der spätere Luftschiffführer E. A. Lehmann befanden sich in der hinteren Gondel. Die Maschinisten Laburda, Kast und Schwarz versorgten die 110-PS-Motoren.

Inzwischen schwebte LZ 4 in der Mittagshitze über Straßburg. Er geriet in große Höhe und verlor Gas, doch gelang es den Männern, auf dem festgelegten Kurs zu bleiben, und so fuhr man die Rheinebene hinunter. Als gegen 18.00 Uhr in der Nähe von Nierstein am vorderen Motor ein Zahnrad absprang, wasserte man auf dem Rhein und reparierte den defekten Motor. Jeglichen überflüssigen Ballast gab man von Bord, um das Gewicht zu verringern. Kapitän Hacker und Baron Bassus mußten die Heimreise per Eisenbahn antreten!

Eine Pionierabteilung rückte an, und mit Hilfe eines kleinen Rheindampfers glückte abends um 22.30 Uhr der Start. LZ 4 umrundete Mainz und trat den Heimweg zum Bodensee an. Nach kurzer Zeit setzte wieder der vordere Motor aus: ein Pleuellager war ausgelaufen. Nun hatte man nur noch den hinteren Motor zur Verfügung, der aber glücklicherweise ohne Störung lief.

In Echterdingen bei Stuttgart legte man eine Zwischenlandung ein, um Gas und Brennstoff zu ergänzen und den defekten Motor reparieren zu lassen.

Es war nicht ganz einfach, LZ 4 zu verankern. Man behalf sich, indem man den Kettenanker an einem eilends herbeigeschafften Leiterwagen befestigte und zur zusätzlichen Sicherung ein tiefes Loch grub, in dem der Wagen mitsamt dem angebundenen Seilende verschwand. Eine Militärkolonne aus einer nahegelegenen Garnison bemächtigte sich der Haltetaue und ließ das Schiff in den Wind einschwenken. Aus Untertürkheim sandten die Daimler-Werke einen Werkstattwagen, und man begann, den defekten Motor auszubauen. Am Nachmittag kam ein starker Sturm auf, der die Verankerung losriß und das Schiff in die Höhe trieb. Die Mannschaft ließ die Haltetaue los, um

nicht mit fortgetragen zu werden. Der Monteur, der den neuen Motor einbaute, konnte im letzten Augenblick abspringen, aber zwei Maschinisten befanden sich noch an Bord. Obermeister Schwarz rannte durch den Laufgang zur vorderen Gondel, um die Ventile zu ziehen. Das Gas entwich fauchend, doch das Schiff trieb weiter ab. Plötzlich senkte es sich nieder und kollidierte mit einem Baum. Mit einem lauten Knall platzten die Ballonette, und mit rasender Geschwindigkeit fraß ein Feuersturm 15 000 cbm Wasserstoffgas. Versteifungen und Metallstreben schmolzen in der großen Hitze; die Hülle flatterte in Fetzen davon. Gerade noch rechtzeitig retteten sich Schwarz und Laburda durch einen gewagten Sprung ins Freie. Die Verletzungen der beiden Männer waren nicht schwer, so daß sie kurz darauf wieder ihren Dienst versehen konnten. Für Graf Zeppelin aber schien an diesem Tag, dem 5. 8. 1908, die Welt zusammenzubrechen.
Da geschah ein Wunder: Inmitten der riesigen Menschenmenge, die an der Unglücksstelle zusammengelaufen war, schwang sich ein Mann auf einen Tisch und rief spontan zu einer Spendenaktion auf, die eine Welle größter Hilfsbereitschaft auslöste. Diese ›Zeppelinspende‹ belief sich schließlich auf die enorme Summe von 6 096 555 Mark! Der Graf war von diesem Ergebnis zutiefst beeindruckt und wollte nichts davon annehmen; aber dann gründete er doch mit einer Million die ›Luftschiffbau-Zeppelin-GmbH‹ (LZ).
In seinem Tagebuch ist unter dem 9. April 1909 vermerkt: »Kraft der mir von den Gebern übertragenen freien Verfügung über die Spende habe ich mit deren gesamten Beträgen nebst Zinsen und Erträgnissen eine Stiftung unter dem Namen ›Zeppelin-Stiftung‹ mit dem Sitz in Friedrichshafen am Bodensee errichtet, welche nunmehr am 29. März ds. Jahres die staatliche Genehmigung erhalten hat. Die Stiftung ist befugt, anderweitige Zuwendungen anzunehmen und dadurch ihr Vermögen zu vergrößern ...
Verschiedene Unternehmungen, die eine wesentliche Förderung und Hebung des Luftschiffbaues oder die bessere Ausnutzung der Luftschiffahrt versprechen, erhalten die notwendige Unterstützung. Wissenschaftliche Untersuchungen, Versuche aller Art, und die Prüfung der einschlägigen Vorgänge in der Welt sind im Gange, damit wir fortschreitend immer Vollkommeneres leisten können. Von solchem Vorgehen ist zu hoffen, daß Deutschland für lange Zeit im Luftschiffbau an der Spitze der Völker steht.
Durch die Anspannung der mir noch verbleibenden Kräfte, uns diesem Ziel näher zu führen, glaube ich, am besten dem tiefen Dankgefühl Ausdruck verleihen zu können, das mich für alle erfüllt, die mir mit ihren Gaben Ehren und Auszeichnungen gebracht haben. Das schönste Ergebnis des durch die Volksspende ermöglichten Entwicklungsganges meines Unternehmens wäre aber die allgemeine Erkenntnis, welche herrlichen Früchte das einige, begeisterte Zusammenwirken von Fürsten und Volk unter Hintansetzung aller Sonderbestrebungen zu zeitigen vermag; und wenn diese Erkenntnis dann zur Wiederholung solchen einmütigen, opferfreudigen Zusammengehens anfeuern würde, so oft es sich um eine für das Wohlergehen und die Ehre des deutschen Volkes wichtige Sache handelt.«

Daten des LZ 4

Länge: 136,00 Meter
Durchmesser: 13,00 Meter
Volumen: 15 000 m³
Nutzlast: 4,6 Tonnen
Motoren: zwei Daimler-Motoren von je 105 PS
Geschwindigkeit: 13,5 m/sek
Führung: Graf Zeppelin

Anmerkung: Großes ogivales Hecksteuer. Zwischen den Stabilisierungsflächen befanden sich je zwei kleine, senkrechte Seitensteuer. Zusätzlich eine provisorische Passagierkabine.

LZ 5 ›Z II‹ – 1. Fahrt am 26. Mai 1909

In den Jahren 1900–1909 steigerte man die Leistung der Motoren von 14 PS auf 110 PS. Daimler und Benz hatten neuartige Explosionsmotoren entwickelt, die leichter und nicht so schwierig zu handhaben waren wie die Vorgänger aus den Anfangsjahren.
Man schrieb das Jahr 1908, als LZ 5 auf Kiel gelegt

wurde. Der Bau ging zügig voran, und bereits am 26. Mai 1909 startete man zum Jungfernflug. Eine vielbeachtete Fahrt fand in der Zeit vom 29. 5. bis 2. 6. 1909 statt, die vom Bodensee nach Bitterfeld und zurück führte. Es wurden 1194 Kilometer in 38 Stunden und 40 Minuten zurückgelegt.
Während jenes Fluges landete LZ 5 durch Übermüdung Dr. Dürrs, der das Schiff führte, in der Nähe von Göppingen in einem Birnbaum und wurde leicht beschädigt. Dr. Dürr reparierte das Luftschiff mit einigen Hopfenstangen und brachte es sicher, trotz eines defekten Motors, nach Hause.
Später übernahm das Heer LZ 5 unter der Bezeichnung ›Z II‹. Während der Überführung nach Köln besuchte das Schiff die Internationale Luftfahrtausstellung (ILA) in Frankfurt am Main. Am 24. April 1910 strandete es während eines Sturmes bei Weilburg an der Lahn und wurde abgewrackt.

Daten des LZ 5 ›Z II‹

Länge: 136,00 Meter
Durchmesser: 13,00 Meter
Volumen: 15 000 m³
Nutzlast: 4,6 Tonnen
Motoren: zwei Daimler-Motoren von je 105 PS
Geschwindigkeit: 13,5 m/sek
Führung: Graf Zeppelin

Militärische Führung nach der Übergabe an das Heer: Major Sperling, Hauptmann von Jena
Standort: Köln

Als Heeresluftschiff ›Z II‹ 16 Fahrten mit insgesamt 2478 Kilometern

Im Gewittersturm über dem Rhein

Über Eltville

Am 24. April 1910 strandete LZ 5 (Z II) während eines Sturmes bei Weilburg an der Lahn

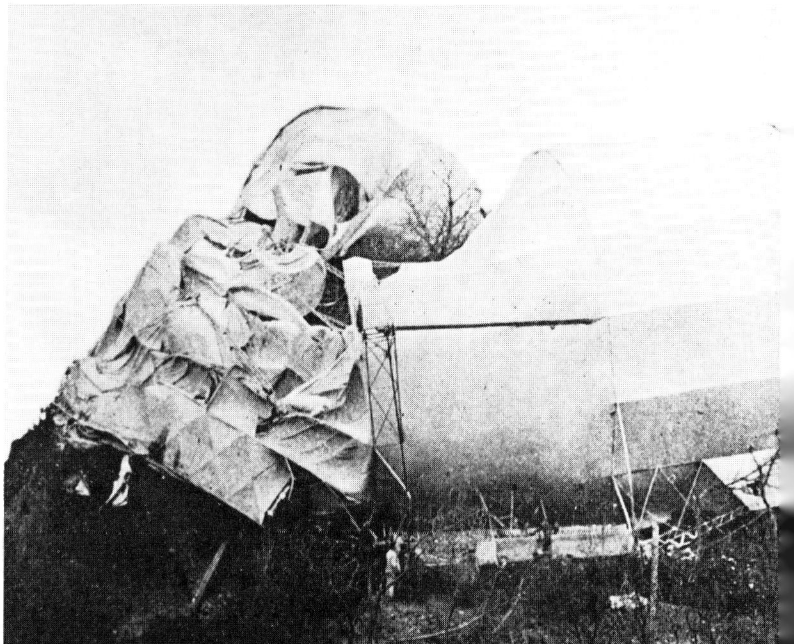

Das zerstörte Heck des Luftschiffes

LZ 6 – 1. Fahrt am 25. August 1909

Mit LZ 6 war den Technikern ein guter Wurf gelungen. Einige entscheidende Neuerungen machten dieses Schiff sicherer als seine Vorgänger. Trotzdem begann man am 12. 2. 1910 mit dem Umbau, wobei als dritter Motor ein Maybach-Motor von 140 PS eingesetzt wurde und der Stahlbandantrieb gegen Wellenantrieb ausgetauscht wurde. Nach 39 Fahrten wurde LZ 6 an die DELAG verkauft. Die DELAG (Nationale Luftfahrtgesellschaft; Deutsche Luftschiff-fahrts-AG) wurde am 16. 11. 1909 gegründet und war die erste Luftreederei der Welt. Sie unternahm mit LZ 6 34 Passagier- und Postbeförderungsfahrten, anfangs unter der Leitung Dr. Eckeners, später unter Dr. Dürr und Kapitän Hacker.

Infolge nachlässigen Verhaltens des Bodenpersonals verbrannte das Luftschiff am 12. 9. 1910 in seiner Halle in Baden-Oos im Schwarzwald.

Daten des LZ 6

Länge: 136,00 Meter
Durchmesser: 13,00 Meter
Volumen: 15 000 m³
Nutzlast: 4,5 Tonnen
Motoren: zwei Daimler-Motoren von je 115 PS
Geschwindigkeit: 13,5 m/sek
Führung: Dr. Dürr, Kapitän Hacker

nach Umbau:
Länge: 144,00 Meter
Durchmesser: 13,00 Meter
Volumen: 16 000 m³
Nutzlast: 4,3 Tonnen
Motoren: zwei Daimler-Motoren von je 115 PS, ein Maybach-Motor von 140 PS
Führung: Dr. Dürr, Kapitän Hacker

Anmerkung: Von diesem Schiff aus erfolgten die ersten Funkversuche.

Gerippetransport des LZ 6 aus der Landehalle zur schwimmenden Halle

LZ 6 und LZ 7 in der Werfthalle Friedrichshafen

LZ 6 beim Aushallen (nach Umbau)

LZ 7 ›Deutschland‹ – 1. Fahrt am 19. Juni 1910

Graf Zeppelin überführte LZ 7 am 19. 6. 1910 nach Düsseldorf, wo er von der DELAG übernommen wurde und den Namen ›Deutschland‹ erhielt. Auch beim Bau des LZ 7 hatte man einige technische Verbesserungen vorgenommen. Am Heck befanden sich nur noch Einzelflossen. Die Spitzen des Schiffes waren um zwei Meter verlängert, und erstmalig in der Geschichte des Luftschiffbaues verwendete man Zellen aus Goldschlägerhaut (Haut des Rinderblinddarms). Siebenfach aufeinandergelegt wurden sie zu Zellen verarbeitet, die das Gas aufnahmen. Später ging man zu einem vereinfachten Verfahren über: Die Zellen bestanden aus einer Gewebeunterlage und einer mit tierischen Häuten verleimten Hülle, die mit Firniß imprägniert wurde. Am 28. Juni 1910 startete das Schiff zu einer Fahrt, die hauptsächlich über das Ruhrgebiet führte. An Bord befanden sich 32 Personen, darunter 20 Journalisten. Nach einiger Zeit gab es Schwierigkeiten mit dem hinteren Motor, und man beschloß, bei Münster zu landen, um den Schaden von der dortigen Hilfstruppe beseitigen zu lassen. Das Schiff landete glatt, und die Monteure behoben den Defekt in kurzer Zeit. LZ 7 startete erneut, doch näherte sich ein Schlechtwettergebiet. Sturm und starke Böen warfen ihn hin und her; prasselnder Regen machte den Schiffskörper schwer. Als man in der Nähe von Osnabrück den Teutoburger Wald überfuhr, wurde LZ 7 plötzlich von einem Windstoß gepackt und auf die Baumwipfel herabgedrückt. Mit schwer beschädigtem Heck schwebte er langsam zu Boden. Verletzte gab es glücklicherweise keine, aber der Havarist war nicht mehr zu reparieren und wurde abgewrackt.

Bis zu Beginn des Ersten Weltkrieges beförderten die DELAG-Luftschiffe ›Deutschland‹, ›Hansa‹, ›Viktoria Luise‹ und ›Sachsen‹ auf 1600 Fahrten von zusammen 150 000 km 37 250 Passagiere. Der jungen Luftschiffahrt standen zu jener Zeit mehrere Flughäfen mit ihren Hallen zur Verfügung: Baden-Oos, Potsdam, Frankfurt am Main, Düsseldorf, Johannisthal, Gotha, Hamburg, Leipzig und Dresden.

Daten des LZ 7 ›Deutschland‹

Länge: 148,00 Meter
Durchmesser: 14,00 Meter
Volumen: 19 300 m³
Nutzlast: 6,8 Tonnen
Motoren: drei vierzylindrige Daimler-Motoren von je 120 PS
Geschwindigkeit: 16,7 m/sek
Führung: Dr. Dürr

LZ 8 Ersatz »Deutschland« – 1. Fahrt am 30. März 1911

Aus dem schwer beschädigten LZ 7 verwendete man alle brauchbaren Teile für den Bau des LZ 8, der am 30. März 1911 in die Hände der DELAG überging, in deren Diensten er als ›Deutschland II‹ 24 Fahrten von 2 379 km machte und insgesamt 129 zahlende Passagiere beförderte. Doch bereits am 16. Mai 1911 wurde LZ 8 von einer starken Bö gegen die vordere Schutzwand der Halle in Düsseldorf gedrückt und fast völlig zerstört.
Finanzielle Einbußen spielten nun keine sehr große Rolle mehr, und man wandte sich dem Bau eines neuen Luftschiffes zu.

Daten des LZ 8 Ersatz ›Deutschland‹
wie LZ 7

Führung: Dr. Eckener

Der durch eine Bö schwer beschädigte LZ 8 (Ersatz ›Deutschland‹) mußte abgewrackt werden ▶

LZ 9 Ersatz ›Z II‹ – 1. Fahrt am 2. Oktober 1911

Von LZ 9 sind keine bemerkenswerten Ereignisse bekannt. Vom 21. 10. bis 23. 11. 1911 wurde er umgebaut und vom Heer als Schul- und Ausbildungsschiff übernommen.
Da technisch veraltet, wurde er am 1. 8. 1914 abgewrackt.

Daten des LZ 9 Ersatz ›Z II‹

Länge: 132,00 Meter
Durchmesser: 14,00 Meter
Volumen: 16 500 m³
Nutzlast: 4,6 Tonnen
Motoren: drei Maybach-Motoren von je 145 PS
Geschwindigkeit: 21,7 m/sek
Führung: Hauptmann Horn, Oberleutnant v. d. Leyen, Leutnant van der Haegen

nach Umbau:
Länge: 140,00 Meter
Volumen: 17 800 m³
Nutzlast: 6,0 Tonnen

Standorte: Baden-Oos, Köln, Metz, Gotha

LZ 10 ›Schwaben‹ – 1. Fahrt am 26. Juni 1911

Die Führung der ›Schwaben‹, eines der erfolgreichsten Verkehrsmittel der DELAG, vertraute man Dr. Eckener an. Nach dem ersten Start wurden einige Verbesserungen ausgeführt. Am 20. Juli 1911 erhob sich LZ 10 mit acht Passagieren und acht Besatzungsmitgliedern an Bord. Bei sonnigem Wetter nahm man Kurs auf Luzern, wo sich in der Nähe der Stadt eine große Menschenmenge eingefunden hatte, um der vorgesehenen Landung beizuwohnen. Statt dessen entschied sich Dr. Eckener nur für einige Kehren über dem Platz und fuhr über Rigi, Zürich, Winterthur und Frauenfeld zum Bodensee zurück. Überall jubelten die Menschen, und viele standen auf den Dächern der Häuser, um diesem technischen Wunder etwas näher zu sein.
LZ 10, der während 224 Fahrten 4354 Passagiere beförderte und eine Fahrstrecke von 27 321 km bewältigte, wurde nur ein Jahr alt. Am 28. Juni 1912, als man ihn nach Düsseldorf überführte, stauchte er sich an der Hallenwand und verbrannte auf dem Flugfeld.

Daten des LZ 10 ›Schwaben‹

wie LZ 9 vor Umbau

Führung: Dr. Eckener, Dipl.-Ing. Doerr, Kapitän Hacker

Standorte: Baden-Oos, im ständigen Wechsel Gotha, Düsseldorf, Berlin-Johannisthal, Potsdam, Frankfurt am Main

LZ 11 ›Viktoria Luise‹ – 1. Fahrt am 19. Februar 1912

Während die ›Schwaben‹ ihre erfolgreichen Passagier- und Postbeförderungsfahrten durchführte, vollendete man den Bau des LZ 11 ›Viktoria Luise‹. Dieses Luftschiff beförderte auf 489 Fahrten 9783 Personen, davon 2995 zahlende Passagiere, und legte in 981 Stunden 54 312 Kilometer zurück.

Am 1. 8. 1914 kaufte das Reich LZ 11 von der DELAG an und übergab ihn dem Heer und der Marine als Schulschiff. Seine 1000. Fahrt absolvierte er am 15. 6. 1915.

Als er am 8. 10. 1915 beim Einhallen auseinanderbrach und abgewrackt werden mußte, konnte man auf eine stolze Fahrleistung Rückschau halten. Insgesamt waren 64 125 Kilometer in 1292 Stunden mit 22 039 Personen an Bord zurückgelegt worden.

Daten des LZ 11 ›Viktoria Luise‹

Länge: 148,00 Meter
Durchmesser: 14,00 Meter
Volumen: 18 700 m³
Nutzlast: 6,5 Tonnen
Motoren: drei Maybach-Motoren von je 170 PS
Geschwindigkeit: 22,2 m/sek
Führung: bei DELAG und Militär: Dr. Lempertz

›Viktoria Luise‹ (LZ 11) über Baden-Baden

LZ 12 ›Z III‹ – 1. Fahrt am 25. April 1912

Als LZ 12 im Jahr 1912 vom Heer als ›Z III‹ übernommen wurde, kriselte es bereits auf dem Balkan, und die Lage in Europa spitzte sich zu. Der Kaiser vertraute auf seine immer stärker werdende Flotte, aber als im März 1912 die deutsche Hochseeflotte in der Nordsee ein großes Manöver abhielt, nahmen zum erstenmal auch Luftschiffe vom Typ ›Zeppelin‹ teil. Als am 1. 8. 1914 der Erste Weltkrieg begann, demontierte man den bereits veralteten LZ 12.

Daten des LZ 12 ›Z III‹

Länge: 132,00 Meter
Durchmesser: 14,00 Meter
Volumen: 16 500 m³
Nutzlast: 4,6 Tonnen
Motoren: drei Maybach-Motoren von je 145 PS
Geschwindigkeit: 21,7 m/sek
Führung: Hauptmann Lohmüller
Standorte: Friedrichshafen, Hamburg, Frankfurt/Main-Rebstock, Baden-Oos, Metz, Gotha

Für den Fall eines Krieges gedachte die Deutsche Heeresleitung die Zeppeline hauptsächlich als strategische Fernaufklärer einzusetzen, doch nach Ausbruch des Ersten Weltkrieges bestückte man sie auch mit Bomben kleineren Kalibers. Im Lauf der Zeit baute man immer größere Schiffe, deren Nutzlast entsprechend höher war, so daß man während eines Angriffs etliche hundert Kilogramm Bombenlast mitführen konnte.
Trotz feindlichen Flakfeuers kamen an allen Fronten Aufklärungsfahrten zustande, die der deutschen Heeresleitung wertvolle Erkenntnisse brachten; denn den Luftschiffen gelang es, über weite Entfernungen hinweg Einblick in gegnerische Truppenverschiebungen oder Bereitstellung von Kriegsmaterial zu nehmen.
Für die weiträumigen Gebiete der Nord- und Ostsee waren die Marineluftschiffe unentbehrlich. Vor dem Auslaufen von Hilfskreuzern wurden sie aufklärend vorausgeschickt, und oftmals gelang es ihnen, feindliche Minenfelder durch Abwurf von Bojen zu markieren und so den deutschen Kriegsschiffen den Weg durch minenfreies Gebiet zu weisen.
Navigiert wurde nach dem noch in den Anfängen steckenden Funkpeilverfahren, wobei anfänglich nur die militärisch gefährliche, den Feind zum Mithören einladende Fremdpeilung zur Verfügung stand. Wenn das Schiff sendete, empfingen mindestens zwei Heimatstationen mit Richtantennen und gaben den durch Kreuzpeilung ermittelten Standort an das Schiff. Erst viel später wurde sie durch die weniger bedenkliche Eigenpeilung (die Heimat sendete, das Schiff empfing mit Richtantenne) ersetzt. Dennoch gab es den ganzen Krieg hindurch Ungenauigkeiten bei Orts- und Zeitangaben.

1917 wurde die Heeresluftschiffahrt eingestellt. Der Gegner hatte wendige Flugzeugtypen entwickelt, die die deutschen Luftschiffe mit Phosphor-Brandgeschossen angriffen. Die Marineluftschiffe wurden jedoch noch bis August 1918 eingesetzt.

LZ 13 ›Hansa‹ – 1. Fahrt am 30. Juli 1912

Am 19. September 1912 fuhr die ›Hansa‹ zum erstenmal außerhalb Deutschlands. Die Fahrt führte über Dänemark und Südschweden, um den nördlichen Nachbarn die bedeutenden technischen Fortschritte vor Augen zu führen, die das Deutsche Reich auf dem Gebiet des Luftverkehrs erreicht hatte. In der Führergondel befanden sich auch der nun schon 75jährige Graf Zeppelin und Dr. Eckener. Nach 700 km Fahrt landete man um 16.45 Uhr des gleichen Tages wieder im Heimathafen Fuhlsbüttel bei Hamburg.

Bis zum 31. 7. 1914 hatte LZ 13 im Dienst der DELAG 399 Fahrten von insgesamt 44 437 km zurückgelegt. Bei Ausbruch des Weltkrieges wurde die ›Hansa‹ vom Heer übernommen, später als Schulluftschiff der Marine übergeben.

Im Sommer 1916 wurde ›Hansa‹ außer Dienst gestellt und abgerüstet.

Daten des LZ 13 ›Hansa‹

wie LZ 11 ›Viktoria Luise‹

Nutzlast: 6,3 Tonnen
Führung: im Dienst der DELAG: W. E. Doerr, A. Heinen
Standorte: im DELAG-Betrieb: Hamburg, Gotha, Potsdam, Leipzig,
im Heeresausbildungsdienst: Dresden, Düsseldorf, Berlin-Johannisthal, Berlin-Biesdorf, Jüterbog

LZ 14 (›L 1‹) – 1. Fahrt am 7. Oktober 1912

LZ 14 war das erste Marineluftschiff, wurde also ›L 1‹. Hauptsächlich bildete man künftiges Fahrpersonal aus und machte es bereits mit militärischen Aufgaben vertraut.
Während eines Gewitters am 9. 9. 1913 wurde LZ 14 auf die vom Sturm aufgewühlte Nordsee heruntergedrückt und sank. Vierzehn Mann der Besatzung ertranken, sechs konnten gerettet werden.

Daten des LZ 14 ›L 1‹

Länge: 158,00 Meter
Durchmesser: 14,90 Meter
Volumen: 22 500 m³
Nutzlast: 9,5 Tonnen
Motoren: drei Maybach-Motoren von je 165 PS
Geschwindigkeit: 21,2 m/sek
Führung: Kapitänleutnant Hanne
Standorte: Berlin-Johannisthal, Fuhlsbüttel

Modell des LZ 14 (L 1). Man beachte den Maschinengewehrstand über dem Bug
▼

LZ 14 (L 1) beim Kaisermanöver in der Nordsee. Darunter Schiffe der Hochseeflotte

LZ 15 ›Ersatz Z I‹ – 1. Fahrt am 16. Januar 1913

Auch LZ 15, der als Ersatz für den abgerüsteten ›Z I‹ vom Heer übernommen worden war, hatte keine lange Lebensdauer. Wegen starken Gegenwindes konnte das Luftschiff am 19. 3. 1913 seinen Heimathafen Baden-Oos nicht mehr erreichen und mußte bei Karlsruhe notlanden. Es wurde vollkommen zerstört und abgewrackt.

Daten des LZ 15 Ersatz ›Z I‹

Länge: 158,00 Meter
Durchmesser: 14,90 Meter
Volumen: 22 500 m³
Nutzlast: 9,5 Tonnen
Motoren: drei Maybach-Motoren von je 165 PS

Geschwindigkeit: 21,2 m/sek
Führung: Hauptmann Horn

Standort: Baden-Oos
33 Fahrten

LZ 16 ›Z IV‹ – 1. Fahrt am 14. März 1913

Mit einer militärischen Abnahmekommission an Bord startete LZ 16 am 3. 4. 1913 von Friedrichshafen zur Überführung nach Baden-Oos. Bald nach dem Start tauchte das Schiff in dichten Nebel ein und verlor zeitweilig die Orientierung. Durch starken Ostwind abgetrieben, befand es sich schließlich über Frankreich und landete auf dem Exerzierplatz von Lunéville, wo man es unter allerlei Vorwänden festhielt. Erst am 4. 4. um 12.30 Uhr bekam es endlich Starterlaubnis und landete nachmittags um 16.30 Uhr in seinem Heimathafen.
Zu Beginn des Ersten Weltkrieges lag LZ 16 in Königsberg. Unter dem Kommando des Hauptmanns von Quast wurden in der Zeit vom 10. 8. bis 24. 9. 1914 bedeutsame Aufklärungsfahrten durchgeführt. Um die Wirkung von Angriffen zu erproben, montierte man Maschinengewehre auf und führte eine Reihe kleiner Bomben mit, die mit der Hand abgeworfen werden mußten.
In der Nacht vom 24./25. 9. 1914 wurde ein Bombenangriff auf Warschau unternommen. Von feindlichem Abwehrfeuer am Heck schwer getroffen, entkam das Schiff, indem es auf 2800 Meter Höhe auswich. Bei seinem zweiten und letzten Angriff, der gegen Lyck gerichtet war, gelang es trotz 300 Treffern, die Ausgangsbasis Allenstein zu erreichen. Als sich im Lauf der Zeit Gerippebrüche einstellten, zog man LZ 16 vom Frontdienst zurück. Ab 24. 2. 1915 fungierte er nur noch als Schulschiff und wurde im Herbst 1916 abgerüstet.

Ein Luftschiff beschießt von der Plattform feindliche Flugzeuge ▸

Daten des LZ 16 ›Z IV‹

wie LZ 15

Führung: Hauptleute Felix Jacobi, von Quast, Feldwebelleutnant Grussendorff, Hauptmann Otto Jacobi
Standorte: Metz, Baden-Oos, Gotha, Königsberg, Posen, Königsberg, Allenstein, Königsberg, Schneidemühl, Dresden, Liegnitz, Jüterbog

2 Aufklärungen
2 Angriffe mit 1000 kg Bomben

LZ 17 ›Sachsen‹ – 1. Fahrt am 3. Mai 1913

Bis zum 31. 7. 1914 beförderte die ›Sachsen‹ im Dienst der DELAG 9837 Personen und machte in 741 Stunden mit 39 919 Kilometern 419 Fahrten, darunter auch eine Fahrt von Baden-Oos nach Wien (950 km) in neun Stunden.
Ab 1. 8. 1914 stand LZ 17 im Heeresdienst und wurde zu Kriegsfahrten eingesetzt. Im September 1914 waren fünf Angriffe auf Antwerpen geplant. Davon gelangen drei, wobei 2940 kg Sprengstoff auf die Stadt abgeworfen wurde.

Da die ›Sachsen‹ bald nicht mehr den Anforderungen der Westfront entsprach, wurde sie im Februar 1915 nach Allenstein verlegt. Von dort griff das Schiff im März/April Ciechanow und Bialystock mit 520 kg und 460 kg Sprengstoff an. Nachdem es bei der Landung erheblich beschädigt worden war, wurde es im Juli nach Königsberg überführt. Im gleichen Monat jedoch fuhr es bereits schon wieder Angriffe gegen den Bahnhof Lomza, und im August belegte es die Bahnhöfe Bialystock und Wilna mit insgesamt 1100 kg Munition. Dank vorzüglicher Führung war die ›Sachsen‹ das erfolgreichste der ›kleinen‹ Schiffe. Ab September 1915 Schulschiff der Marine, wurde es im Herbst 1916 als veraltet abgerüstet.

Daten des LZ 17 ›Sachsen‹

Länge: 158,00 Meter
Durchmesser: 14,90 Meter
Volumen: 22 500 m³
Nutzlast: 9,5 Tonnen
Motoren: drei Maybach-Motoren von je 165 PS
Geschwindigkeit: 21,2 m/sek
Führung: Dipl.-Ing. E. A. Lehmann, Kapitän Hacker

nach Umbau:
Länge: 148,00 Meter
Durchmesser: 14,90 Meter
Volumen: 20 900 m³
Nutzlast: 7,4 Tonnen
Motoren: drei Maybach-Motoren von je 180 PS
Geschwindigkeit: 21,0 m/sek
Führung: E. A. Lehmann, Hauptmann George, Oberleutnant Scherzer
Standorte im ständigen Wechsel: Friedrichshafen, Baden-Oos, Hamburg, Potsdam, Leipzig, Dresden, Liegnitz

Das DELAG-Luftschiff ›Sachsen‹ war das erfolgreichste der ›kleinen‹ Luftschiffe

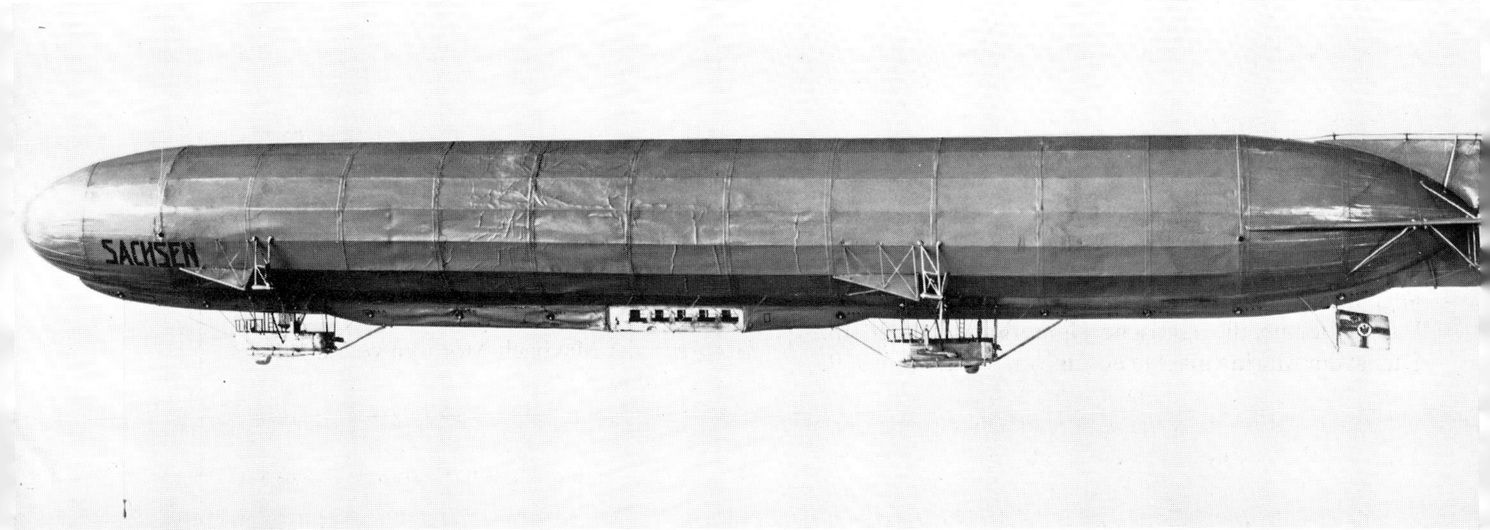

Die ›Sachsen‹ unmittelbar vor dem Start

LZ 18 ›L 2‹ – 1. Fahrt am 9. September 1913

Die Kaiserliche Kriegsmarine war wie das Heer an der militärischen Verwendung von Luftschiffen interessiert. Im Jahr 1913 bewilligte man dem Marineminister, Großadmiral v. Tirpitz, den Bau von zehn Luftschiffen.
Schon 1910 hatte man den Konstrukteur Pietzker als kritischen Beobachter zur Luftschiffwerft nach Friedrichshafen gesandt. Nach seinen Plänen entstand später LZ 18, ein Luftschiff für rein militärische Zwecke. Da es auch Bomben mit sich führen sollte, gab man ihm ein größeres Volumen als den bisher gebauten Typen. In zwei Gondeln untergebracht befanden sich vier sechszylindrige Maybach-Motoren von je 180 PS. Vor der vorderen Motorgondel war die Führergondel angebracht.
LZ 18 bekam die taktische Numerierung ›L 2‹. Im Dienst der Marine machte er seine erste Fahrt am 9. 9. 1913. Weitere Erprobungsfahrten folgten, dann verlegte man das Schiff nach Johannisthal bei Berlin. Am 17. 10. 1913 wollte man die Höhenstabilität testen. An Bord befanden sich Konstrukteur Pietzker und Vertreter von Admiralität und Werft, sowie 14 Besatzungsmitglieder. Nach Behebung eines Motorschadens, der den Aufstieg um einige Stunden verzögerte, erfolgte der Start. Wenige Minuten später schoß aus der vorderen Motorgondel eine lange Stichflamme hervor, mehrere Explosionen folgten, und im Nu stand das Schiff in Flammen. Die gesamte Besatzung kam ums Leben.

Daten des LZ 18 ›L 2‹

Länge: 158,00 Meter
Durchmesser: 16,60 Meter
Volumen: 27 000 m³
Nutzlast: 11,1 Tonnen
Motoren: vier Maybach-Motoren von je 180 PS
Geschwindigkeit: 21,0 m/sek
Führung: Kapitän Gluud (LZ), von der Marine vorgesehen Kapitänleutnant Freyer
Standorte: Friedrichshafen, Berlin-Johannisthal

LZ 19 Zweiter Ersatz ›Z I‹ – 1. Fahrt am 6. Juni 1913

Genau zehn Monate bestand das Heeresluftschiff ›Z I‹. Am 13. 4. 1914 wurde es bei einem schweren Gewittersturm in der Nähe von Diedenhofen zur Notlandung gezwungen. Die Beschädigungen waren so schwer, daß es abgewrackt werden mußte.

Daten des LZ 19 Zweiter Ersatz ›Z I‹

Länge: 158,00 Meter
Durchmesser: 14,90 Meter
Volumen: 22 500 m³
Nutzlast: 9,5 Tonnen
Motoren: drei Maybach-Motoren von je 165 PS
Geschwindigkeit: 21,2 m/sek

Führung: Hauptleute Horn, Kleinschmidt

Standorte (im Wechsel): Friedrichshafen, Frankfurt/Main-Rebstock, Königsberg, Leipzig, Frankfurt/Main-Rebstock, Liegnitz, Baden-Oos, Köln, Baden-Oos, Köln

LZ 20 ›Z V‹ – 1. Fahrt am 8.Juli 1913

Dieses Luftschiff kam als drittes während des Ersten Weltkrieges im Osten zum Einsatz. Nach der Kriegserklärung machte es am 7./8. 8. und 11./12. 8. 1914 Aufklärungsfahrten über Westpolen im Raum Wlozlaw-Plozk-Lodz, wobei es durch starkes Infanterie- und Maschinengewehrfeuer beschädigt wurde. Irrtümlicherweise nahmen auch deutsche Truppen LZ 20 unter Feuer. Am 22. 8. und am 25. 8. 1914 fanden weitere Aufklärungsfahrten statt. Während der Schlacht bei Tannenberg mußte LZ 20 nach einem kühnen Angriff auf Mlawa infolge Gasverlustes bei Lipowick notlanden. Bei dem Versuch, den Havaristen anzuzünden, wurde die Besatzung von einer feindlichen Kavallerieabteilung gefangengenommen, doch gelang einigen Männern die Flucht.

Daten des LZ 20 ›Z V‹

wie LZ 19

Führung: Hauptmann Lange, ab Dezember 1913 Hauptmann Grüner
Standorte im ständigen Wechsel: Friedrichshafen, Frankfurt/Main-Rebstock, Baden-Oos, Frankfurt/Main-Rebstock, Gotha, Leipzig, danach Potsdam und Berlin-Johannisthal

LZ 21 ›Z VI‹ – 1. Fahrt am 10. November 1913

LZ 21 wurde überwiegend zu Bombenfahrten eingesetzt. Bereits Anfang August 1914, als der Erste Weltkrieg gerade begonnen hatte, befand er sich über Belgien und bombardierte gegnerische Truppenansammlungen.
In den frühen Morgenstunden des 6. August kreiste

LZ 21 über den Forts von Lüttich und warf 200 kg Sprengstoff ab. Er wurde von mehreren Schrapnellen getroffen und trat den Rückzug an. Infolge starken Gasverlustes mußte er in der Nähe von Bonn vorzeitig auf den Boden gebracht werden. Da die Schäden nicht mehr auszubessern waren, wurde er abgewrackt.

Daten des LZ 21 ›Z VI‹

Länge: 148,00 Meter
Durchmesser: 16,60 Meter
Volumen: 20 900 m³
Nutzlast: 8,8 Tonnen
Motoren: drei Maybach-Motoren von je 180 PS
Geschwindigkeit: 21,0 m/sek

Führung: Hauptleute Masius, Gaissert, Kleinschmidt

Standorte: Friedrichshafen, Gotha, Leipzig, Liegnitz, Leipzig, Dresden
Kriegseinsatz West: Köln

LZ 22 ›Z VII‹ – 1. Fahrt am 8. Januar 1914

Am 21. August 1914 hatte LZ 22 Befehl erhalten, die Stellungen der Franzosen im Elsaß zu erkunden. Da die Fahrt in einem Höhengelände von manchmal unter tausend Metern durchzuführen war, gelang es der französischen Infanterie, mit ihren Karabinern Treffer anzubringen. Nach Abwurf von 500 kg Munition machte sich durch den feindlichen Beschuß plötzlicher Gasverlust bemerkbar, und LZ 22 drehte ab. Da man den Heimathafen Baden-Oos nicht mehr erreichen konnte, versuchte man bei St. Quirin in Lothringen eine Notlandung, wobei das Schiff so stark beschädigt wurde, daß es nicht mehr zu reparieren war und abgewrackt werden mußte.

Daten des LZ 22 ›Z VII‹
Länge: 156,00 Meter
Durchmesser: 14,90 Meter
Volumen: 22 100 m³
Nutzlast: 8,8 Tonnen
Motoren: drei Maybach-Motoren von je 180 PS
Geschwindigkeit: 20,0 m/sek
Führung: bis 31. 5. 1914 Hauptmann Gaissert, dann Hauptmann Felix Jacobi
Standorte: Potsdam, Dresden, Frankfurt/Main-Rebstock, Baden-Oos
1 Angriff mit 500 kg Bomben

LZ 23 ›Z VIII‹ – 1. Fahrt am 11. Mai 1914

Der Kommandant des LZ 23 erreichte kurz vor Kriegsbeginn von der deutschen Heeresleitung die Genehmigung, das Schiff zu füllen, das entleert in Metz lag. So konnte er bei Ausbruch des Krieges den Aufmarsch der feindlichen Truppen empfindlich stören.

Am 21. August 1914 sollte LZ 23 den gleichen Befehl ausführen wie ›Z VII‹, wurde aber von eigenen Truppen beschossen und beschädigt. Nach einiger Zeit befand er sich über den feindlichen Linien. Die mitgeführten Bomben wurden abgeworfen, doch gelang es dem Gegner, dem Schiff die Steuereinrichtungen wegzuschießen. Steuerlos trieb es im Niemandsland umher.
In den waldreichen Gegenden von Badonville mußte es schließlich notlanden; der Gasverlust war durch Beschuß zu groß geworden. Der Kommandant, Hauptmann Andrée, vernichtete die Geheimpapiere, und die Besatzung ging von Bord. Man versuchte zwar

noch, das Schiff zu verbrennen, doch befand sich in den Zellen nur noch eine geringe Menge Gas, so daß es kein Feuer fangen wollte. Eine Schwadron französischer Kavallerie griff die kleine Luftschiffbesatzung an, die sich zunächst zur Wehr setzte, jedoch der Übermacht weichen mußte. Später konnten sich die Männer wieder zu den deutschen Linien durchschlagen und brachten wertvolle Nachrichten mit. Das Wrack fiel später, von den Franzosen ausgeraubt, wieder in deutsche Hände.

Daten des LZ 23 ›Z VIII‹

wie LZ 22

Führung: Hauptmann Andrée
Standorte: Friedrichshafen, Baden-Oos, Leipzig, Trier
1 Angriff mit 160 kg Bomben

LZ 24 ›L 3‹ – 1. Fahrt am 11. Mai 1914

Bevor der Erste Weltkrieg ausbrach, absolvierte LZ 24 eine Dauerfahrt, bei dem er 35 Stunden in der Luft war. Kurz darauf übernahm die Marine das Luftschiff, der es gute Dienste während der Flottenmanöver leistete. Bei Kriegsausbruch war dies die einzige Einheit, die der Marine zur Verfügung stand. LZ 24 wurde in Fuhlsbüttel bei Hamburg stationiert, wo er in einer gemieteten Halle Platz fand.
Korvettenkapitän Peter Strasser wurde Leiter der Marineluftschiffabteilung; er bemühte sich um mehr Kampfeinheiten, da er allein mit ›L 3‹ den riesigen Luftraum über der Nord- und Ostsee nicht unter Kontrolle bringen konnte. Zu jener Zeit verfügte das Heer bereits über zwölf Luftschiffe.
In der Nacht zum 20. Januar 1915 nahm ›L 3‹ am ersten Geschwaderangriff gegen England teil. Er führte Brennstoff für etwa 30 Stunden mit sich und war mit 8 Stück 50-kg-Bomben sowie 11 Stück 28-kg-Brandbomben beladen, die über industrielle Anlagen am Humber abgeworfen wurden.
Am 17. Februar 1915 befand sich ›L 3‹ auf der Höhe von Blavandshuk, wo er gegen einen Schneesturm ankämpfen mußte. Gegen 9.00 Uhr fiel ein Motor aus, gegen 11.00 Uhr ein weiterer. Als sich ›L 3‹ gegen 13.00 Uhr auf der Höhe von Hanstholm aufhielt, meldete er seine Schwierigkeiten über Funk nach Hause. Wegen des Schneesturmes fuhr er sehr niedrig. Mit nur einem Motor passierte er gegen 17.00 Uhr Esbjerg. Ziel war das zur Zeit deutsche Tondern.
Als dann der letzte Motor seinen Dienst versagte, mußte ›L 3‹ zur Notlandung über dänischem Gebiet ansetzen, um nicht über die Nordsee abgetrieben zu werden. Kommandant Kapitänleutnant Fritz vernichtete die Papiere und verbrannte das Schiff. Die Männer wurden interniert und befanden sich bis Kriegsende in Dänemark.

Daten des LZ 24 ›L 3‹

Länge: 158,00 Meter
Durchmesser: 14,90 Meter
Volumen: 22 500 m³
Nutzlast: 9,2 Tonnen
Motoren: drei Maybach-Motoren von je 200 PS
Geschwindigkeit: 22,4 m/sek
Führung: Kapitänleutnant Fritz
Standorte: Johannisthal, Fuhlsbüttel, Nordholz
27 Aufklärungen
1 Angriff mit 370 kg Bomben

LZ 25 ›LZ IX‹ – 1. Fahrt am 13. Juli 1914

LZ 25 war die erste Konstruktion mit einem modernen Leitwerk, die über dem feindlichen Ausland eingesetzt wurde. Man war ständig bemüht, Neuerungen ohne größere Verzögerungen anzuwenden, um dem Feind in der technischen Entwicklung immer um eine Nasenlänge voraus zu sein.

Nach diversen Abnahmefahrten traf LZ 25 am 10. 8. 1914 in Düsseldorf ein. Da man an ein Bombardement des feindlichen Hinterlandes dachte, als man die Luftschiffe baute, setzte man LZ 25 auf Antwerpen, Ostende, Dünkirchen und Calais an. Zu jener Zeit steckten die Angriffsfahrten noch in den Anfängen, und man war sich bei der Heeresleitung noch nicht im klaren, was man mit dieser neuen Waffe anfangen sollte. Das geht aus zum Teil unsinnigen Befehlen hervor, wie zum Beispiel während des Angriffs von LZ 25 am 21. 8. 1914: »Bombenabwurf über Antwerpen, Zeebrügge, Dünkirchen und Calais. Rückkehr über Lille, wo ebenfalls Beunruhigungen durch Bombenwurf stattzufinden haben«. LZ 25 konnte aber nur 1200 kg Bomben mit sich führen! Von den Sprengkörpern an Bord waren nur 10 Stück für die anbefohlenen Ziele angesetzt.

Einem englischen Flieger gelang es am 8. 10. 1914, LZ 25 in seiner Halle in Düsseldorf mit einem gezielten Bombenwurf zu vernichten.

Daten des LZ 25 ›Z IX‹
wie LZ 24

Motoren: drei Maybach-Motoren von je 210 PS
Geschwindigkeit: 22,5 m/sek
Standorte: Friedrichshafen, Dresden, ab 10. 8. 1914 Düsseldorf
Führung: Hauptmann Horn
2 Aufklärungen
2 Angriffe mit 2050 kg Bomben

LZ 26 ›Z XII‹ – 1. Fahrt am 14. Dezember 1914

Anfang 1915 kam LZ 26 nach Maubeuge.
Ein erster Angriffsversuch auf England am 17. März 1915 mußte wegen starken Nebels und einer tiefhängenden Wolkendecke abgebrochen werden. LZ 26 legte um auf Gegenkurs und steuerte Calais an. Erstmalig wurde hier der sogenannte ›Spähkorb‹ eingesetzt, der dem Luftschiff einen unbemerkten Angriff gestattete. Während sich das Schiff über den Wolken befand, hing der an einem Seil herabgelassene Korb, der mit einem Beobachter besetzt war, unter der Wolkendecke. Der Mann im Spähkorb dirigierte nun von dort aus den Angriff. In zwei Anläufen warf LZ 26 3000 kg Sprengstoff ab. Während der Heimfahrt sackte er bei Dunkelheit und Nebel ab und wurde bei der Landung beschädigt.
Wegen der ungünstigen Wetterlage mußten mehrfach Angriffsfahrten unterbleiben. Die zweite Angriffsfahrt gegen Calais fand am 16. 5. 1915 statt. Hierbei wurden 1600 kg Munition abgeworfen.
Im Juli 1915 verlegte man LZ 26 nach Allenstein an die Ostfront, wo er in der ersten Augusthälfte wichtige Eisenbahnknotenpunkte wie Bialystock und Malkin mit zusammen 8400 kg Bomben belegte. Während der

Spähkorb unter dem Kriegsluftschiff ▶

Rückfahrt von einem Angriff am 11. 8. 1915 konnte der beschädigte LZ 26 infolge Gasverlustes eine Landung nicht wagen und ging in der Nähe von Allenstein auf einem See nieder. Die hintere Gondel wurde beträchtlich beschädigt, so daß drei Motoren ausfielen. Trotzdem gelang die Überführung in den Hafen von Allenstein. Insgesamt setzte man ›Z XII‹ im Osten in den Jahren 1915/16 18mal, davon 9mal mit Erfolg, ein.

Nach seiner Verlegung nach Königsberg befreite man LZ 26 1916 vom Frontdienst und rüstete ihn am 8. August 1917 bei Einstellung der Heeresluftschiffahrt in Jüterbog ab.

LZ 26 war, was das Gewicht der abgeworfenen Bomben angeht, das erfolgreichste Luftschiff des Heeres.

Daten des LZ 26 ›Z XII‹

Länge: 161,00 Meter
Durchmesser: 16,00 Meter
Volumen: 25 000 m³
Nutzlast: 12,2 Tonnen
Motoren: drei Maybach-Motoren von je 210 PS
Geschwindigkeit: 22,5 m/sek
Führung: Leutnant d. R. Lehmann, Hauptmann v. Mirbach,
Hauptmann Heerlein, Hauptmann Bruns,
Hauptmann Sommerfeldt, Leutnant Dassel
Standorte: Gotha, Liegnitz, Warschau, Hannover, Jüterbog
11 Angriffe mit 20 000 kg Bomben

LZ 27 ›L 4‹ – 1. Fahrt am 18. August 1914

LZ 27 war zunächst im Winter 1914 im Aufklärungsdienst eingesetzt. Zusammen mit ›L 3‹ unternahm er in der Nacht vom 19./20. 1. 1915 die erste Angriffsfahrt deutscher Marineluftschiffe auf Ziele an der englischen Ostküste. Aus verschiedenen Höhen wurden trotz Regen, Nebel und starker artilleristischer Abwehr wichtige Ziele in Yarmouth, Cromer, Sheringham und King's Lynn mit Brandbomben belegt. Während einer Aufklärungsfahrt am 17. 2. 1915 wurde LZ 27 von einem schweren Schneesturm überrascht und mußte schließlich wegen Brennstoffmangels bei Blavandshuk notlanden. Die Besatzung wurde interniert. Vier Mann standen auf der Vermißtenliste.

Daten des LZ 27 ›L 4‹

wie LZ 25

Motoren: drei Maybach-Motoren von je 210 PS
Führung: Kapitänleutnant Graf Platen

Standort: Fuhlsbüttel

11 Aufklärungen
1 Angriff mit 410 kg Bomben

LZ 28 ›L 5‹ – 1. Fahrt am 22. September 1914

Bereits am 19. 10. 1914 befand sich LZ 28 etwa 60 Kilometer östlich von Yarmouth zu Aufklärungszwekken. Am 24. 1. 1915 kreuzte er über dem Doggerbankgebiet und lieferte trotz starken Abwehrfeuers wichtige Meldungen per Funk an die deutsche Marineleitung. In besonderem Maß war dieses Schiff am Auffinden feindlicher Minensperren beteiligt. Im Juni 1915 verlegte man LZ 28 zu Ostseeaufklärungsfahrten nach Seddin bei Stolp.

Neben vielen Erkundungsfahrten unternahm er am 2. 8. 1915 auch eine Fahrt in Richtung Helsingfors. Unterwegs hatte er ein erbittertes Gefecht mit einem britischen Unterseeboot, wurde von englischen Zerstörern bei Lyserort und Zerel beschossen, und erst durch den Angriff eines britischen Wasserflugzeuges sah er sich gezwungen, abzudrehen. Dem zufälligen Erscheinen des deutschen Kreuzers ›Augsburg‹ verdankte er die Rettung aus kritischer Lage. Am 7. 8. 1915 wurde er durch die russische Luftabwehr bei Plungjany so schwer beschädigt, daß er abgewrackt werden mußte.

Daten des LZ 28 ›L 5‹
wie LZ 27

Führung: Kapitänleutnant Hirsch, ab April 1915 Kapitänleutnant Boecker, ab Juli 1915 Kapitänleutnant Ehrlich

Standorte: ab 5. 11. 1914 Nordholz, ab 20. 2. 1915 Fuhlsbüttel, ab 6. 5. 1915 Nordholz, ab 15. 6. 1915 Seddin

47 Aufklärungen
2 Angriffe mit 700 kg Bomben

LZ 29 ›Z X‹ – 1. Fahrt am 13. Oktober 1914

Im Westeinsatz hatte LZ 29 schwer unter den immer stärker werdenden Abwehrmaßnahmen des Gegners zu leiden. Wegen Explosion eines Auspufftopfes mußte eine Fahrt am 26. 12. 1914 unterbleiben. Mit 900 kg Bomben erfolgte am 21. 2. 1915 ein Angriff auf Calais.

Zusammen mit LZ 35 griff LZ 29 im März 1915 Paris an, das nachts um 2.00 Uhr erreicht wurde. In zweieinhalbstündiger Fahrt kreuzten die beiden Schiffe über der Stadt in 2400 Meter Höhe; über den nordöstlichen Gemeinden wurden die Bomben abgeworfen. LZ 29 und LZ 35 traten fast unbeschädigt die Rückfahrt von Paris an, wurden aber bei Noyon von feindlichem Feuer eingedeckt, so daß LZ 29 bei St. Quirin notlanden mußte und abgewrackt wurde.

Daten des LZ 29 ›Z X‹
wie LZ 28

Führung: Hauptmann Gaissert (Abnahmefahrten), Hauptmann Horn
Standorte: Friedrichshafen, Düsseldorf, ab 13. 3. 1915 Brüssel-Evere
2 Angriffe mit 1800 kg Bomben

LZ 30 ›Z XI‹ – 1. Fahrt am 15. November 1914

Da leistungsfähige Schiffe an allen Fronten benötigt wurden, wies man LZ 30 dem Ostheer zu. Er machte Bombenangriffe auf Warschau, Grodno, Kowno und andere wichtige Ziele, doch die meisten Fahrten mußten wegen Schlechtwettereinbruchs abgesagt werden. Am 20. 5. 1915 wurde LZ 30 beim Ausbringen aus der Halle beschädigt und durch widrige Winde abgetrieben. Beim Niedergehen entzündete er sich und verbrannte.

Daten des LZ 30 ›Z XI‹

wie LZ 29

Führung: Hauptmann Gaissert
Standort: Posen

LZ 31 ›L 6‹ – 1. Fahrt am 3. November 1914

Als am 25. 12. 1914 englische Seestreitkräfte den Versuch unternahmen, die deutsche Küste anzugreifen, setzte man auch LZ 31 ein, um rechtzeitig Abwehrmaßnahmen organisieren zu können. Durch starkes Artilleriefeuer wurde die Hülle des LZ 31 an mehreren Stellen gefährlich beschädigt, doch gelang eine glückliche Heimkehr, nachdem etwa 200 kg Bomben auf feindliche Schiffsziele abgeworfen worden waren. Während eines Englandangriffs am 19./20. 1. 1915 mußte LZ 31 wegen schwerer Vereisung bei Terschelling umkehren. Als er sich im Februar 1915 auf einer Suchfahrt nach vermißten deutschen Flugzeugen befand, fiel er bei der Landung durch Scheinwerfer geblendet, in einen Wald, konnte aber geborgen und in wenigen Tagen wieder fahrbereit gemacht werden.

Neben vielen Aufklärungsfahrten gelang am 14./15. 4. 1915 ein Angriff auf Maldon in Essex mit 700 kg Bomben. Dabei wurde LZ 31 durch starkes Abwehrfeuer beschädigt, konnte jedoch trotz Gasverlustes seinen Heimathafen erreichen. Da im Lauf der Zeit veraltet, zog man ihn nur noch zu Aufklärungsfahrten heran. Besondere Verdienste erwarb sich LZ 31 unter Kapitänleutnant Breithaupt, der am 22. 6. und 1. 7. 1915 Minensperren ausfindig machte und durch Bojen markierte. Während einer Aufklärungsfahrt am 14. 7. 1915 konnte das Luftschiff durch rechtzeitige Warnung einen Seefliegerangriff auf die deutsche Küste vereiteln. Am 16. 9. 1916 verbrannte LZ 31 beim Gasnachfüllen zusammen mit L 9 in seiner Halle in Fuhlsbüttel.

Daten des LZ 31 ›L 6‹

Länge: 158,00 Meter
Durchmesser: 14,90 Meter
Volumen: 22 500 m³
Nutzlast: 9,2 Tonnen
Motoren: drei Maybach-Motoren von je 210 PS
Geschwindigkeit: 22,4 m/sek
Führung: Oberleutnant z. S. Frhr. v. Buttlar, ab 2. 5. 1915 Kapitänleutnant Breithaupt, ab 4. 8. 1915 Schulschiff unter Führung von Kapitänleutnant d. R. Blew (früher DELAG)
Standorte: Fuhlsbüttel, Nordholz, Fuhlsbüttel, Hage
Standorte im Schulbetrieb: Dresden, Fuhlsbüttel
36 Aufklärungen
2 Angriffe mit 900 kg Bomben

LZ 32 (›L 7‹) – 1. Fahrt am 20. November 1914

Als am 21. November 1914 drei britische Avro-504-Doppeldecker die Bauhalle der Luftschiffe auf dem Bodensee angriffen und 40 kg Bomben warfen, blieb der in der Halle liegende LZ 32 unversehrt. Der britische Commander, F. E. Briggs, mußte notlanden und geriet in deutsche Gefangenschaft. Während einer Aufklärungsfahrt erreichte das Schiff an der Swarte-Bank britische Seestreitkräfte, deren Vorhandensein es per Funk an die Seekriegsleitung meldete. Kreuzer, Zerstörer und Unterseeboote nahmen LZ 32 unter heftiges Feuer, doch gelang eine unbeschadete Heimkehr.
Zusammen mit ›L 9‹ stieß LZ 32 in der Nacht vom 15./16. 4. 1915 gegen die britische Ostküste vor, kam aber nicht zum Angriff. Weitere drei Angriffsfahrten führten ebenfalls nicht zum Ziel. Am 31. 1. 1916 wurde das Schiff bei der Landung in Tondern schwer beschädigt, repariert, wieder eingesetzt und sicherte am 24. 4. 1916 den durch Minen schwer havarierten Schlachtkreuzer ›Seydlitz‹.

LZ 32, schon zweimal mit britischen Kreuzern ins Gefecht gekommen, wurde während einer Aufklärungsfahrt am 4. Mai 1916 nördlich Horns Riff von den britischen Kreuzern ›Galathea‹ und ›Phaeton‹ abgeschossen. Ein britisches Unterseeboot vernichtete ihn vollkommen. Es wurden sieben Mann der Besatzung gerettet, elf Männer mußten ihr Leben lassen.

Daten des LZ 32 ›L 7‹
wie LZ 31

Führung: Oberleutnant z. S. Peterson,
ab 30. 5. 1915 Kapitänleutnant d. R. Max Dietrich,
ab 3. 9. 1915 Kapitänleutnant Stabbert,
ab 10. 11. 1915 Kapitänleutnant v. Schubert,
ab 11. 1. 1916 Kapitänleutnant Sommerfeldt,
ab 16. 4. 1916 Kapitänleutnant Hempel

Standorte: bis 22. 1. 1915 Leipzig,
bis 24. 4. 1915 Nordholz,
bis 4. 5. 1916 Tondern
77 Aufklärungen

LZ 33 ›L 8‹ – 1. Fahrt am 17. Dezember 1914

Im Westen eingesetzt, machte LZ 33 überwiegend Aufklärungsfahrten. Bereits am 5. März 1915 wurde er bei einer Patrouillenfahrt angeschossen und strandete bei Tirlemont (südlich Ostende).

Der Kommandant, Kapitänleutnant Beelitz, wurde schwer verletzt und war seitdem nicht mehr dienstfähig.

Daten des LZ 33 ›L 8‹
wie LZ 32

Führung: Kapitänleutnant Konradin Meyer,
ab Januar 1915 Kapitänleutnant Beelitz
Standorte: Düsseldorf, ab 27. 2. 1915 Gontrode (Heereshalle)

LZ 34 – 1. Fahrt am 6. Januar 1915

Das Schiff wurde an der Ostfront eingesetzt. Mehrere Angriffsfahrten, u. a. am 10./11. 3. und 15./16. 4. 1915 zusammen mit LZ 30, scheiterten wegen der schlechten Wetterlage. Im Juni griff LZ 34 Grodno und Kowno an. Nach dem letzten Angriff mußte er infolge erheblicher Trefferschäden am 21. 6. 1915 bei Insterburg notlanden, trieb ab und verbrannte.

Daten des LZ 34
wie LZ 33

Führung: Hauptmann Felix Jacobi
Standorte: Potsdam, ab 4. 2. 1915 Liegnitz, dann Königsberg
2 Angriffe mit 1110 kg Bomben

LZ 35 – 1. Fahrt am 11. Januar 1915

LZ 35 war überwiegend im Westen eingesetzt. Anfang März 1915 brachte man das Schiff in den neu fertiggestellten Luftschiffhafen Gontrode bei Gent. Wegen ungünstiger Witterung mußten mehrere Fahrten ausfallen. Am 20./21. 3. 1915 griff LZ 35 Paris in einer Höhe von 2400 m an und konnte 820 kg Sprengstoff

abwerfen. Nach einer Fahrt von 11 ½ Stunden landete er mit 80 Einschüssen auf seinem Heimathafen. Während eines Angriffs auf Poperinghe bei Ypern, bei dem 1600 kg Bomben abgeworfen wurden, erhielt er 700 Treffer und mußte bei Aeltre notlanden. Dort wurde das Schiff durch einen Sturm zerstört.

Daten des LZ 35

Länge: 158,00 Meter
Durchmesser: 14,90 Meter
Volumen: 22 500 m³
Nutzlast: 9,2 Tonnen
Motoren: drei Maybach-Motoren von je 210 PS
Geschwindigkeit: 22,4 m/sek
Führung: Hauptmann Masius

Standorte: Köln, Gontrode
2 Angriffe mit 2420 kg Bomben

◀ Bordkleidung der Kriegsluftschiffer

LZ 36 (›L 9‹) – 1. Fahrt am 8. März 1915

Am 4. Februar 1915 erschien in der ›Frankfurter Zeitung‹ folgender Leitartikel, der die endgültige Blokkade Englands ankündigte:

Die Blockade Englands
1. Die Gewässer rings um Großbritannien und Irland einschließlich des gesamten englischen Kanals werden hiermit als Kriegsgebiet erklärt. Vom 18. Februar wird jedes in diesem Kriegsgebiet angetroffene feindliche Kauffahrteischiff zerstört werden, ohne daß es immer möglich sein wird, die dabei der Besatzung und den Passagieren drohenden Gefahren abzuwenden.
2. Auch neutrale Schiffe laufen in dem Kriegsgebiet Gefahr, da es angesichts des von der britischen Regierung am 31. Januar angeordneten Mißbrauchs neutraler Flaggen und der Zufälligkeiten des Seekrieges nicht immer vermieden werden kann, daß die auf feindliche Schiffe berechneten Angriffe auch neutrale Schiffe treffen.
3. Die Schiffahrt nördlich um die Shetland-Inseln, in dem nördlichen Gebiet der Nordsee, in einem Streifen von mindestens 30 Seemeilen Breite entlang der niederländischen Küste ist nicht gefährdet.
Berlin, den 4. Februar 1915.

In diese Unternehmungen bezog man auch die deutschen Kriegsluftschiffe ein, die verstärkt auf Seeziele eingesetzt wurden. LZ 36, der als erstes Schiff geschlossene Gondeln, Innenlaufgang und angelenkte Maschinengondel besaß, glaubte bei seinem ersten Angriff auf England am 15./16. 4. 1915 die Tynemündung bei Newcastle erreicht zu haben, doch stand er etwa 16 Kilometer südlich und richtete verhältnismäßig geringen Schaden an.
Es folgten viele Aufklärungsfahrten. Am 3. 5. und am 11. 5. 1915 bekämpfte LZ 36 je vier britische Unterseeboote und belegte sie mit zusammen 1450 kg Sprengstoff.
Ein besonders erfolgreicher Angriff am 6. 6. 1915 auf Hull hinterließ in England schwerste Schäden.
Weitere Angriffe brachten 1060 kg und 990 kg Sprengstoff auf englische Ziele. Am 25. 6. 1916 entdeckte LZ 36 in der Nordsee ein feindliches Unterseeboot, griff es an und versenkte es.
Beim Gasnachfüllen verbrannte LZ 36 am 16. September 1916 in Fuhlsbüttel.

Daten des LZ 36 (›L 9‹)

Länge: 161,40 Meter
Durchmesser: 16,00 Meter
Volumen: 24 900 m³
Nutzlast: 11,1 Tonnen
Motoren: drei Maybach-Motoren von je 210 PS
Geschwindigkeit: 23,6 m/sek
Führung: Kapitänleutnant Mathy,
ab 24. 6. 1915 Kapitänleutnant Loewe,
ab 19. 10. 1915 Kapitänleutnant Martin Dietrich,
ab 22. 12. 1915 Kapitänleutnant d. R. Proelss,
ab 27. 3. 1916 Hauptmann Stelling,
ab 10. 6. 1916 Kapitänleutnant Kraushaar,
ab 14. 6. 1916 Kapitänleutnant Ganzel,
ab 8. 9. 1916 Kapitänleutnant Hollender,
ab 16. 9. 1916 Kapitänleutnant Gayer
Standorte: Nordholz, Hage, Tondern, Seddin und Hamburg
74 Aufklärungsfahrten
4 Angriffe mit 5683 kg Bomben

LZ 36 (L 9) setzt zur Landung an

LZ 37 –
1. Fahrt am 4. März 1915

LZ 37 war noch nicht regelmäßig in Betrieb, machte seine ersten Probefahrten, als er bei der Landung von einem böigen Wind gepackt und schwer beschädigt wurde. Ein unglücklicher Stern stand über dem Schiff, denn bereits am 7. Juni 1915 wurde es bei der Rückkehr von einer Angriffsfahrt gegen Calais von einem feindlichen Flugzeug über Gent abgeschossen. Einziger Überlebender war Steuermann Müller.

Daten des LZ 37
wie LZ 34

Führung: Oberleutnant van der Haegen
Standorte: Berlin-Johannisthal,
ab 11. 3. 1915 Potsdam,
Anfang April bis Ende Mai Köln,

dann Brüssel-Etterbeck
1 Angriff mit 1500 kg Bomben

LZ 38 – 1. Fahrt am 3. April 1915

LZ 38 verbuchte große Erfolge.

Besonders hervorzuheben sind folgende Fahrten:
29. 4. 1915 Harwich (1900 kg)
10. 5. 1915 gegen Southend (1700 kg)
16. 5. 1915 gegen Ramsgate (1900 kg)
26. 5. 1915 gegen Southend (1500 kg)

Am 31. 5. 1915 wurde LZ 38 als erstes Luftschiff des Heeres gegen England eingesetzt und bombardierte aus 3000 Metern Höhe die Docks von London. Es wurden 1360 kg Bomben abgeworfen, die sehr wirkungsvoll waren. Trotz einiger Beschädigungen durch heftiges Artilleriefeuer landete das Schiff glatt in seinem Heimathafen Brüssel, wo es am 7. Juni 1915 durch den Bombenwurf eines englischen Flugzeuges vernichtet wurde.

Daten des LZ 38

Länge: 163,50 Meter
Durchmesser: 18,70 Meter
Volumen: 31 900 m^3
Nutzlast: 15,0 Tonnen
Motoren: drei Maybach-Motoren von je 210 PS
Geschwindigkeit: 25,0 m/sek
Führung: Hauptleute von Quast, Linnarz
Standorte: Königsberg, Schneidemühl (Osteinsatz), ab Anfang Mai Düsseldorf, Brüssel-Evere (Westeinsatz)

5 Angriffe mit 8360 kg Bomben

LZ 39 – 1. Fahrt am 24. April 1915

Anfang Mai 1915 traf LZ 39 im Westen ein, führte von drei geplanten Fahrten gegen Calais allerdings nur eine durch.
Am 6./7. 6. 1915 bewarf er Harwich mit 900 kg Sprengstoff und entging durch Herabstoßen in eine Nebelwand mit knapper Not einem englischen Fliegerangriff. Am 12. 6. 1915 mußte er wegen eines Motordefekts seine Fahrt abbrechen und umkehren. Nunmehr verlegte man LZ 39 nach Schneidemühl; er kam im Osten zum Einsatz. Im August 1915 folgten Angriffe auf Nowo-Minsk und Nowo-Georgiewsk (je 500 kg Sprengstoff).

Nach kurzem Aufenthalt in Allenstein kam er am 5. 10. 1915 nach Warschau. Von dort startete er zwei Angriffe auf Rowno, am 13./14. 10. 1915 (1000 kg) und am 17. 12. 1915. Durch starkes Abwehrfeuer wurde er auf der Rückfahrt derart beschädigt, daß er sich in der Luft schräg stellte. Dabei brach der Motorraum von der vorderen Führergondel und stürzte ab, doch gelang bei Luck die Notlandung. LZ 39 wurde abgerüstet.

Daten des LZ 39

wie LZ 36

Führung: Hauptleute Horn, Falck, Schramm
Standorte: Westeinsatz: im Wechsel Düsseldorf, Brüssel-Agathe, Namur bis 19. 7. 1915
Osteinsatz: Schneidemühl, ab 10. 9. 1915 Allenstein, ab 27. 9. Posen, ab 5. 10. Warschau
5 Angriffe mit 4 184 kg Bomben

LZ 40 (›L 10‹) – 1. Fahrt am 13. Mai 1915

Die deutsche Admiralität kündigte die ersten 30 000 m³ Luftschiffe für Januar 1915 an. Dieser Termin ließ sich allerdings wegen etlicher Schwierigkeiten nicht einhalten, so daß LZ 40 und LZ 41 (›L 11‹) erst im Mai bzw. Juni in Gebrauch genommen werden konnten. Auch bei diesem neuen Typ hatte man die motorischen Kräfte verstärkt. Vorn befand sich ein Motor, während hinten drei Motoren arbeiteten, von denen einer einen Heckpropeller aufwies.
Nun setzte man systematisch zu Bombenangriffen auf England an, zumal das Verbot des deutschen Kaisers, keine dichtbesiedelten Orte mit Bomben anzugreifen, aufgehoben war.
Kurz nach Mitternacht am 4. 6. 1915, verließ LZ 40 seinen Heimathafen Nordholz. Angriffsziel: London. Das Luftschiff führte zwei Stück 100-kg- und 20 Stück 50-kg-Sprengbomben sowie 90 Stück Brandbomben mit sich.
Das Angriffsziel konnte nicht vor Tagesanbruch erreicht werden, da starker Gegenwind herrschte. Da es außerdem Orientierungsschwierigkeiten gab, griff man mit dem ganzen Bombenvorrat Gravesend bei London an.
Bereits am 16. 6. 1915 wurde trotz erheblichen Abwehrfeuers das Industriegebiet am Tyne aus 2300 Metern Höhe mit 2500 kg Bomben belegt. Durch waghalsige Ballastabgaben erleichtert, entwich LZ 40 einem angreifenden britischen Flugzeug in größere Höhen. Dieser Angriff zählte zu den erfolgreichsten, denn nicht nur Industrieanlagen wurden getroffen, sondern auch der britische Schlachtkreuzer ›Resolution‹ und zwei Kanonenboote. Der Sachschaden belief sich nach vorliegenden Schätzungen auf 300 000 Pfund Sterling.
Zwei weitere Angriffe am 9./10. 8. 1915 gegen Sheppey und Harwich (mit zusammen 3800 kg Sprengstoff) und ein Angriff auf London am 17. 8. 1915 (1400 kg) waren die letzten Feindfahrten dieses Luftschiffes.
Während einer Gewitterfahrt am 3. 9. 1915 entzündete sich in der Nähe von Cuxhaven abblasendes Gas, und LZ 40 verbrannte in der Luft. Es gab keine Überlebenden.

Daten des LZ 40 ›L 10‹

Länge: 163,50 Meter
Durchmesser: 18,70 Meter
Volumen: 31 900 m³
Nutzlast: 15,0 Tonnen
Motoren: vier sechszylindrige Maybach-Motoren von je 210 PS
Geschwindigkeit: 26,7 m/sek
Führung: Kapitänleutnant Hirsch
Standort: Nordholz

8 Aufklärungen
5 Angriffe mit 9900 kg Bomben

LZ 40 (L 10) verbrannte durch Blitzschlag in der Nähe von Cuxhaven

LZ 41 ›L 11‹ – 1. Fahrt am 7. Juni 1915

Auch LZ 41 war überwiegend für Angriffsfahrten geplant, und man zögerte nicht, ihn schnellstens fertigzustellen, da der Luftkrieg gegen England in eine entscheidende Phase eingetreten war. Im Hinblick auf die Dringlichkeit, eine Entscheidung in der Luft zu erzwingen, sah man immer mehr Luftschiffe in den Luftraum über dem britischen Inselreich vorstoßen.

So überraschen die Fahrten des LZ 41 keineswegs:
9./10. 8. 1915 London und Themsemündung,
12./13. 8. 1915 über Harwich, wo LZ 41 von einem schweren Gewitter überrascht wurde,
17./18. 8. 1915 über London,
13. 10. 1915 Geschwaderangriff zusammen mit L 12, 14, 15, 16,
31. 1. 1916 Geschwaderunternehmen gegen Liverpool,
5. 3. 1916 Geschwaderunternehmen zusammen mit L 13, L 14 gegen den Humber,
1. 4. 1916 mit L 17 gegen das Tynegebiet,
2. 4. 1916 mit L 17 gegen Yarmouth,
15. 4. 1916 mit L 13 und L 16 gegen Whitby.

LZ 41 stellte bei der Schlacht vor dem Skagerrak in der Nacht vom 31. 5. zum 1. 6. 1916 den Anmarsch eines starken britischen Kampfverbandes im Rücken der deutschen Streitmacht fest. Diese Meldung war für die deutsche Flottenleitung von größter Bedeutung. Es handelte sich um starke Verbände der zurückmarschierenden ›Grand Fleet‹. Diese Meldung des Luftschiffes rettete die Besatzung des deutschen Kreuzers ›Rostock‹, der manövrierunfähig in der Nordsee schlingerte. Die Besatzung konnte geborgen werden. Nach der Skagerrakschlacht folgten fünf weitere Angriffe. LZ 41 nahm noch an vielen Aufklärungsfahrten teil, so beispielsweise am 19. 8. 1916 gegen die englische Ostküste, wo mehrfach britische Seestreitkräfte gesichtet und gemeldet werden konnten.
LZ 41 wurde am 25. April 1917 in Hage als veraltet abgerüstet.

Daten des LZ 41 ›L 11‹
wie LZ 40

Führung im Frontbetrieb: Oberleutnant z. S. von Buttlar,
ab 9. 2. 1916 Korvettenkapitän A. Schütze,
ab 12. 11. 1916 Kapitänleutnant Hollender
Führung im Schulbetrieb: Kapitänleutnant d. R. Blew
Standorte: Nordholz, ab 23. 6. 1915 Hage,
ab 28. 6. 1915 Nordholz,
ab 17. 8. 1916 Hage,
ab 19. 9. 1916 Nordholz,
ab 5. 4. 1917 Hage
31 Aufklärungen
12 Angriffe mit 15 543 kg Bomben

Kriegsluftschiffe machen startklar

LZ 41 (L 11) startet zu einer Kriegsfahrt

LZ 42 (LZ 72) – 1. Fahrt am15. Juni 1915

Die beim Bau des LZ 42 verwendete Aluminiumlegierung war sehr schlecht. – Es kamen Trägerbrüche vor, daher benutzte man dieses Schiff nur im Schulbetrieb. Im Februar 1917 stellte man LZ 42 außer Dienst und rüstete ihn am 16. 2. 1917 ab.

Daten des LZ 42 (LZ 72)
wie LZ 41

Führung: Hauptleute Masius, Felix Jacobi, Bode, Marine-Obering. Langreer
Standorte: Düsseldorf, Spich, Jüterbog, Dresden

LZ 43 (›L 12‹) – 1. Fahrt am 21. Juni 1915

LZ 43 machte im Westeinsatz gegen England vierzehn Fahrten. Am 9./10. 8. 1915 kam das Schiff nach einer Angriffsfahrt gegen London, Harwich und den Humber, durch britisches Abwehrfeuer schwer beschädigt, nur bis Ostende, wo es auf dem Wasser strandete und der Tragkörper hinter der hinteren Gondel auseinanderbrach. Nach dem Einschleppen verbrannte LZ 43 bei den Demontagearbeiten.

Daten des LZ 43 ›L 12‹
wie LZ 42

Führung: Oberleutnant z. S. Peterson
Standorte: Nordholz, ab 28. 6. 1915 Hage
5 Aufklärungen
1 Angriff mit 1900 kg Bomben

LZ 43 (L 12) auf Angriffsfahrt

Nach einem Angriff gegen London, Harwich und den Humber strandete LZ 43 bei Ostende

LZ 44 (LZ 74) – 1. Fahrt am 8. Juli 1915

Am 30. 7. 1915 traf LZ 44 in Darmstadt ein. Nach besonders sorgfältigen Vorbereitungen unternahm er einen ersten geglückten Angriff auf London, doch wegen starker Fliegersperren über Belgien und Nordfrankreich machte er einen Umweg über die Nordsee mit einer Zwischenlandung im Marinehafen Hage. Am 12. 9. 1915 griff er erneut England an. Southend war diesmal das Ziel. Am 8. Oktober 1915 fuhr LZ 44 in dichtem Nebel gegen einen Berg und riß sich die beiden Gondeln ab. Der Tragkörper schnellte zunächst auf 4000 Meter hinauf, konnte aber glücklicherweise bei Orthe gelandet werden. Die Mehrzahl der Besatzung wurde verletzt, doch gab es keine Toten. LZ 44 wurde abgewrackt.

Daten des LZ 44 (LZ 74)

Länge: 163,00 Meter
Durchmesser: 18,70 Meter
Volumen: 31 900 m^3
Nutzlast: 16,2 Tonnen
Motoren: vier Maybach-Motoren von je 210 PS
Geschwindigkeit: 26,7 m/sek
Führung: Hauptmann George
Standorte im mehrfachen Wechsel: Darmstadt, Maubeuge, Namur, Hage
2 Angriffe mit 3500 kg Bomben

LZ 45 (›L 13‹) – 1. Fahrt am 23. Juli 1915

Der schwerste Schlag gegen das britische Inselreich gelang ›L 13‹ mit seinem Angriff am 8./9. 9. 1915 auf London. Der durch Bombenwurf verursachte Schaden belief sich auf 530 000 Pfund Sterling. Für den 13. 9. 1915 war bereits ein neuer Angriff auf die schwer geprüfte britische Hauptstadt geplant, doch erschwerten dichte Wolkenfelder und starker Nebel die Anfahrt.
LZ 45 setzte seine Angriffsfahrt fort, erhielt aber einen Artillerietreffer im Laufgang. Benzinleitung und Funkanlage wurden getroffen; glücklicherweise geriet das Schiff nicht in Brand. Nachdem es sich seiner Bombenlast über holländischem Gebiet entledigt hatte, warf es einen Teil seines Inventars und etwa 1300 kg Treibstoff ab. So konnte man den Heimathafen erreichen. In viertägiger Arbeit wurde LZ 45 repariert und startete dann weitere Angriffe am 13. 10. 1915 und 5. 3. 1916 auf Hull.
LZ 45 hatte neben seinen Angriffsfahrten auch noch eine Reihe anderer Aufgaben, so Aufklärungsdienste und Sicherungsfahrten für auslaufende deutsche Unterseeboote. Ein letzter Angriff fand am 31. 3. 1916 unter seinem Kommandanten, Kapitänleutnant Mathy, statt. Er richtete sich gegen Stowmarket und Lowestoft. LZ 45 wurde dabei angeschossen, erreichte aber glatt seinen Heimathafen, nachdem er 2400 kg Sprengstoff abgeworfen hatte. Insgesamt belegte Kapitänleutnant Mathy die feindlichen Ziele mit 11 000 kg Bomben.
Unter seinem neuen Kommandanten, Kapitänleutnant d. R. Proelss, nahm LZ 45 am 19. 8. 1916 an einem Flottenunternehmen teil und konnte starke feindliche Seestreitkräfte ausmachen. Danach fanden noch sieben Angriffe auf England statt, wobei Ziele mit insgesamt 7500 kg Bomben belegt wurden.
Unter seinem Kommandanten Kapitänleutnant Eichler gelangen noch zwei Angriffsfahrten gegen die britische Insel. 1700 kg Bomben wurden abgeworfen. Am 25. April 1917 stellte man LZ 45, da veraltet, außer Dienst und rüstete ihn ab.

Daten des LZ 45 ›L 13‹

wie LZ 44

Führung: Kapitänleutnant Mathy,
ab 19. 4. 1916 Kapitänleutnant d. R. Proelss,
ab 13. 9. 1916 Kapitänleutnant Eichler,
ab 6. 12. 1916 Kapitänleutnant Schwonder,
ab 17. 2. 1917 Oberleutnant z. S. Flemming

Standorte: Hage, ab 5. 4. 1917 Wittmundhaven,
ab 25. 4. 1917 Hage

45 Aufklärungen
15 Angriffe mit 20 667 kg Bomben

LZ 45 (L 13) vor der Landung

LZ 46 ›L 14‹ – 1. Fahrt am 9. August 1915

LZ 46 war das erfolgreichste Marineluftschiff. Schon die erste Angriffsfahrt bewies den Mut und die Kaltblütigkeit der Besatzung. Am 17./18. 8. 1915 befand sich das Schiff unter der Führung des Kapitänleutnants Boecker auf der Fahrt nach England. Der geplante Angriff auf London mußte jedoch wegen Motorschadens unterbleiben. Statt dessen griff man die Hochofenanlagen bei Ipswich und Woodbridge an, wobei alle Motoren, bis auf einen, ausfielen. LZ 46 sackte aus einer Höhe von 2550 Metern auf 1250 Meter durch. Eiligst brachte man die Motoren wieder in Ordnung, während ringsum die Schrapnelle detonierten. Es gelang, wieder eine Höhe von 2400 Metern zu erreichen und den Angriff unter Abwurf von 1600 kg Sprengstoff zu beenden. Ohne weitere Schwierigkeiten erreichte LZ 46 den Heimathafen.
Bei einem Angriff am 8. 9. 1915 verfehlte man London, und die Bomben (1600 kg) wurden über Norwich abgeworfen, aber der Geschwaderangriff vom 13./14. 10. 1915 brachte auch LZ 46 zum geglückten Angriff auf London.
Der nächste Geschwaderangriff vom 31. 1./1. 2. 1916 galt der britischen Westküste. Doch wegen Fehlpeilungen wurde das Ziel der Fahrt nicht erreicht, und man lud die Bomben auf Industrieanlagen in Derby ab (2000 kg).

Weitere Angriffe: 5./6. 3. 1916 gegen Hull (1300 kg), 31. 3. 1916 gegen Thameshaven (2030 kg), 2./3. 5. 1916 gegen Edinburgh (1900 kg)
LZ 46 stand auch zweimal über dem Firth of Forth, kam aber nur zu einem Angriff auf britische Kriegsschiffe mit 285 kg Sprengstoff. Beinahe wäre das Schiff am 4. 5. 1916 durch Höhenruderbruch verlorengegangen. Es gelang gerade noch, es knapp über dem Wasser zu halten und nach einer Notreparatur nur mit dem linken Höhenruder nach Hause zurückzukehren. Obwohl LZ 46 am 31. 5. 1916 über dem Schlachtfeld vor dem Skagerrak stand, sah und hörte die Besatzung wegen des unsichtigen Wetters nichts. Weitere Angriffsfahrten unter Hauptmann Manger, der 9500 kg Sprengstoff an den Feind brachte, folgten Anfang Juni 1916. In den Jahren 1917/18 fand LZ 46 an der Front keine Verwendung mehr und wurde am 23. Juni 1919 in Nordholz durch Bruch der Aufhängevorrichtungen zerstört.

Daten des LZ 46 ›L 14‹
wie LZ 45

Führung: Kapitänleutnant d. R. Boecker,
ab 10. 6. 1916 Hauptmann Manger,
ab 1. 12. 1916 Kapitänleutnant Dose
Standorte: Nordholz, ab 8. 7. 1916 Hage,
ab 4. 4. 1917 Nordholz

42 Aufklärungen
17 Angriffe mit 22 045 kg Bomben

LZ 47 (LZ 77) – 1. Fahrt am 24. August 1915

LZ 47 stand im Westeinsatz über England und Frankreich. Auch dieses Luftschiff besaß geschlossene Gondeln. In der neuen Einsatzhalle in Namur beheimatet, fuhr es am 11. 9. 1915 seinen ersten Angriff auf London, wobei es 1064 kg Bomben abwarf. Schon am 13. 9. war es wieder nach England unterwegs, kam jedoch wegen Unsichtigkeit nicht zum Angriff.
Im Oktober 1915 gelangen weitere drei Angriffe gegen französische Städte, nämlich am 3. 10. auf Châlons mit 2212 kg, am 7. 10. auf Suippes St. Hilaire mit 2192 kg und am 13. 10. nochmals auf Châlons mit 2382 kg Sprengstoff.
Im Januar 1916 versuchte man, das französische Werk in Le Creusot, das etwa dem deutschen Krupp-Werk entsprach, anzugreifen. Trotz besonderer optischer Ausrüstung wurde bei diesigem Wetter das Ziel nicht ausgemacht. Nach stundenlanger Irrfahrt bombardierte man schließlich den wichtigen Eisenbahnknotenpunkt Epernay. In der Nacht vom 29./30. 1. 1916 sollte Paris angegriffen werden, doch wegen Motor-

schadens mußte diese Frontfahrt aufgegeben werden. Der verpatzte Angriff wurde in der folgenden Nacht nachgeholt, wobei 2600 kg Bomben abgeworfen wurden.
Indessen stand der deutsche Großangriff auf die Festung Verdun bevor, und alle verfügbaren Kräfte sollten mobilisiert werden. Nicht nur Flugzeuge und Artillerie griffen in das Kampfgeschehen ein, sondern auch die Luftschiffe sollten ihren Beitrag leisten. Allerdings war ihr Einsatz kaum zu verantworten, denn es war mit starkem Abwehrfeuer zu rechnen, was den Verlust einiger Schiffe mit sich bringen mußte.
Von den eingesetzten vier Einheiten gingen dann auch zwei verloren, davon LZ 47, der bei der Anfahrt auf sein Angriffsziel, Revigny bei Brabant le Roi, von motorisierter Flak brennend abgeschossen wurde. Es gab keine Überlebenden.

Daten des LZ 47 (LZ 77)
wie LZ 46

Führung: Hauptmann Horn
Standorte: in mehrfachem Wechsel Namur, Hage, Düsseldorf
6 Angriffe mit 12610 kg Bomben

LZ 48 ›L 15‹ – 1. Fahrt am 9. September 1915

LZ 48 war nur zu drei Angriffsfahrten auf England eingesetzt. Der ersten Fahrt wäre er um Haaresbreite zum Opfer gefallen. Während der Heimfahrt, die im dichten Nebel vonstatten ging, landete das Schiff etwa sechs Kilometer von seinem Heimathafen entfernt auf einem Acker und ging fast völlig zu Bruch. Die Ausbesserung beanspruchte vier volle Tage. Beim dritten Angriff, seinem zweiten auf London, strandete es am 1. 4. 1916 vor der Themsemündung infolge starken Beschusses. Es gab einen Toten. Die Besatzung geriet in Gefangenschaft.

Daten des LZ 48 ›L 15‹
wie LZ 47

Führung: Kapitänleutnant Breithaupt

Standorte: Nordholz, ab 21. 9. 1915 Hage

8 Aufklärungen
3 Angriffe mit 5780 kg Bomben

LZ 49 (LZ 79) – 1. Fahrt am 2. August 1915

In Posen beheimatet, griff das Schiff am 10./11. 8. 1915 mit 1500 kg Brest-Litowsk und Kowel an, wobei es in 17 Stunden 1350 km zurücklegte. Bei einem zweiten Angriff am 25./26. 8. 1915 auf einen Bahnhof bei Brest-Litowsk verließen weitere 1100 kg Sprengstoff die Bombenschächte.
Bei seinem ersten Landungsversuch in Posen wurde LZ 49 von Böen gepackt, hochgeworfen und drei Mann der Landungsmannschaft am Tau mit hochgerissen. Ein Soldat stürzte ab, die beiden anderen wurden erst zwei Stunden nach der Landung geborgen.

Daten des LZ 49 (LZ 79)
wie LZ 48

Führung: Hauptmann Gaissert
Standorte: Jüterbog, ab 6. 8. 1915 Posen, ab 11. 9. 1915 Maubeuge und Düren, dann in mehrfachem Wechsel Spich und Namur

3 Angriffe mit 4440 kg Bomben

Am 11. September verlegte man LZ 49 nach Maubeuge. Am 3. 10. 1915 wurde er beim Aushallen in Düren schwer beschädigt. Nach Wiederherstellung erfolgte die Verlegung nach Namur. Ein Angriff auf Le Creusot am 25./26. 1. 1916 verlief ergebnislos.

Nach einem Angriff auf Paris am 30. 1. 1916 brachte französische Flak schwere Treffer an. LZ 49 wurde angeschossen und strandete bei Ath, wo er im Dunkeln auf einen Hausgiebel aufsetzte und zerbrach. Er mußte abgewrackt werden.

LZ 50 ›L 16‹ – 1. Fahrt am 23. September 1915

Seine erste Angriffsfahrt machte LZ 50 am 13./14. 10. 1915 im Geschwader gegen London. Man glaubte, den Nordostteil der Stadt mit 1600 kg Bomben angegriffen zu haben, jedoch wurde nach englischen Meldungen Hertford, etwa 32 km nördlich, bombardiert. Bei den großen Angriffshöhen waren die Luftschiffe zwar besser gegen Flak und Flugzeuge geschützt, warfen ihre Bomben aber manchmal weitab vom Ziel und richteten wenig Schaden an.

Weitere Angriffsfahrten:
31. 1. 1916 gegen die englische Westküste (1800 kg)
1. 4. 1916 Angriff auf London (2180 kg)
2. 4. 1916 Angriff auf Hornsea (1900 kg)
5. 4. 1916 gegen Fabrikanlagen bei Leeds (1880 kg)

Am 7. 11. 1916, nach einer weiteren Angriffsfahrt gegen England, waren sämtliche Antriebsmittel bis auf einen Motor ausgefallen. Unter größten Schwierigkeiten gelang Kapitänleutnant Peterson bei Hilgenriedersiel eine einwandfreie Notlandung. Im Winter des Jahres 1916 versorgte das Schiff die deutschen Inseln mit Lebensmitteln, da der Seeweg durch starke Eisbildung versperrt war. Nach einer Notlandung bei Brunsbüttel am 19. Oktober 1917 mußte LZ 50 abgewrackt werden.

Daten des LZ 50 ›L 16‹
wie LZ 49

Führung: Oberleutnant z. S. Peterson,
ab 31. 5. 1916 Kapitänleutnant Sommerfeldt,
ab 15. 11. 1916 Kapitänleutnant Gayer
Standorte: Hage, ab 3. 3. 1917 Nordholz
44 Aufklärungen
12 Angriffe mit 18 048 kg Bomben

LZ 51 (LZ 81) – 1. Fahrt am 7. Oktober 1915

Am 9. 11. 1915 brachte LZ 51 von Szentandras (Bulgarien) aus eine diplomatische Kommission auf dem Luftweg über das feindliche Serbien.

Für Angriffsfahrten kam das Schiff vorläufig nicht zum Einsatz, da es mit den neuen 240-PS-Motoren häufig Defekte hatte. Nach langwierigen Verbesserungen verlegte man es im Februar 1916 an die Westfront. Während eines Angriffes am 25. 4. auf Etables wurde LZ 51 durch Beschuß stark hecklastig, erreichte aber trotz Ausfalls eines Motors den heimatlichen Hafen. Zwei weitere Fahrten mußten wegen Bruchs der Schraubenwelle unterbleiben.

Im Sommer 1916 wurde LZ 51 in Dresden umgebaut und anschließend an der Südostfront wieder eingesetzt. Zwei Angriffe auf Bukarest am 24./25. und 26./27. September folgten, doch infolge heftigen Abwehrfeuers erlitt er schwere Beschädigungen und strandete bei Tirnowa in Bulgarien. Ein Mann der Besatzung erlag seinen Verletzungen.

Daten des LZ 51 (LZ 81)
wie LZ 50

nach Umbau:
Länge: 178,50 Meter
Volumen: 35 800 m³
Nutzlast: 17,9 Tonnen
Motoren: vier Maybach-Motoren von je 240 PS
Geschwindigkeit: 26,5 m/sek

Führung: Hauptleute Felix Jacobi, Barth
Standorte: (im Südosteinsatz) vom 2. 11. 1915 bis 19. 1. 1916 Szentandras
(im Westeinsatz) in mehrfachem Wechsel Namur und Düsseldorf
(wieder im Südosteinsatz) bis 26. 9. 1916 Szentandras
3 Angriffe mit 4513 kg Bomben

LZ 52 ›L 18‹ – 1. Fahrt am 3. November 1915

LZ 52 machte nur vier Fahrten. Er verbrannte am 17. 11. 1915 beim Gasnachfüllen in Tondern infolge Selbstentzündung.

Daten des LZ 52 ›L 18‹

Länge: 163,00 Meter
Durchmesser: 18,70 Meter
Volumen: 31 900 m³
Nutzlast: 16,2 Tonnen
Motoren: vier Maybach-Motoren von je 240 PS
Geschwindigkeit: 27,0 m/sek
Führung: Kapitänleutnant d. R. Max Dietrich
Standort: Tondern

LZ 53 ›L 17‹ – 1. Fahrt am 20. Oktober 1915

Zwischen Januar und August 1916 fuhr LZ 53 sechs Angriffe auf England. Am 24. 4. 1916 brachte er durch Bombenwurf feuernde Batterien bei Ipswich und Norwich zum Schweigen.

Es folgten noch weitere Angriffe mit 3800 kg Sprengstoff. LZ 53 und ›L 24‹ verbrannten am 28. 12. 1916 zusammen in ihrer Halle in Tondern, nachdem ›L 24‹ bei der Einfahrt das Hallentor berührt hatte.

Daten des LZ 53 ›L 17‹
wie LZ 52

Führung: Kapitänleutnant Ehrlich,
ab 10. 8. 1916 Kapitänleutnant Kraushaar
Standorte: Nordholz, ab 17. 8. 1915 Tondern
27 Aufklärungen
9 Angriffe mit 10 724 kg Bomben

LZ 54 ›L 19‹ –
1. Fahrt am 27. November 1915

Während einer Angriffsfahrt in der Nacht vom 31. 1./1. 2. 1916 gegen England fielen auf der Heimfahrt drei Motoren aus. Als sich LZ 54 zu orientieren versuchte und über Borkum glaubte, stieß er durch den Nebel herab, befand sich aber über Ameland, wo er von den Holländern beschossen wurde. Mit starken Zellenbeschädigungen mußte er auf der Nordsee niedergehen und sank. Der englische Fischdampfer ›King Stephen‹ kam heran, verweigerte aber die Aufnahme der Schiffbrüchigen. Es gab keine Überlebenden.

Daten des LZ 54 ›L 19‹

Länge: 163,00 Meter
Durchmesser: 18,70 Meter
Volumen: 31 900 m^3
Nutzlast: 16,2 Tonnen
Motoren: vier Maybach-Motoren von je 240 PS
Geschwindigkeit: 27,0 m/sek
Führung: Kapitänleutnant Loewe
Standorte: Dresden, ab 28. 1. 1917 Tondern

1 Angriff mit 1600 kg Bomben

Ballonsperre in der Nähe von London gegen Angriffe deutscher Luftschiffe

LZ 55 (LZ 85) – 1. Fahrt am 12. September 1915

LZ 55 befand sich im Ost- und Südosteinsatz. Während drei erfolgreicher Fahrten bewarf er Dünaburg, Minsk und die Bahnen von Riga mit 10 600 kg Sprengstoff.
Am 28. 1. 1916 traf er in Szentandras ein und startete am 31. 1./1. 2. 1916 einen unerwarteten Angriff auf Saloniki. Hier fielen 2000 kg Bomben. Das Schiff befand sich 18 Stunden in der Luft und legte 1500 Kilometer zurück. Ein zweiter Angriff am 18. 3. 1916 richtete sich gleichfalls gegen Saloniki, doch legte man in Sofia eine Zwischenlandung ein. Innerhalb von 27 Stunden waren 1850 Kilometer bewältigt worden. Die dritte Salonikifahrt besiegelte dann das Schicksal des Schiffes. Es wurde angeschossen und strandete in den Wardarsümpfen. Die Besatzung geriet am 5. Mai in britische Gefangenschaft.

Daten des LZ 55 (LZ 85)
wie LZ 54

Führung: Oberleutnant Scherzer
Standorte: Allenstein bis 18. 1. 1916, Liegnitz bis 27. 1. 1916, danach Szentandras
6 Angriffe mit 14 200 kg Bomben

LZ 56 (LZ 86) – 1. Fahrt am 10. Oktober 1915

Ost- und Südosteinsatz. Das Luftschiff bewarf am 16. 11. 1915 Dünaburg mit 3500 kg Bomben aus einer Höhe von 2600 Metern. Trotzdem wurde es mehrfach von der Abwehr getroffen. Ein weiterer Angriff aus 3000 Metern Höhe am 5. 2. 1916 folgte mit 1600 kg. Am 18. Februar verlegte man LZ 56 nach Kowno, wo er weitere vier erfolgreiche Fahrten gegen Minsk und andere Bahnhöfe mit 9600 kg Bomben durchführte. Im Sommer des Jahres 1916 baute man das Schiff in Dresden um. Am 4. 9. 1916 riß bei der Rückkehr von einer Angriffsfahrt die achtere Gondel ab, dann löste sich die vordere Gondel. Der Tragkörper landete in der Nähe, so daß ein Teil der Besatzung überlebte.

Daten des LZ 56 (LZ 86) wie LZ 55

nach Umbau:
Länge: 178,50 Meter
Volumen: 35 800 m³
Nutzlast: 17,9 Tonnen
Geschwindigkeit: 26,5 m/sek
Führung: Hauptleute Linnarz, Wolff
Standorte: Ost- und Südosteinsatz: Schneidemühl, Königsberg, Kowno, Szentandras
7 Angriffe mit 14 800 kg Bomben

LZ 57 (LZ 87) – 1. Fahrt am 6. Dezember 1915

Mitte Dezember traf LZ 57 in Darmstadt ein, konnte aber erst nach Reparaturen an den neuen 240-PS-Motoren einsatzbereit gemacht werden. So startete das Schiff erst am 25./26. April 1916 seine Angriffsfahrten, wobei es 3000 kg Sprengstoff auf Ramsgate und Margate abwarf.
Im Juli 1916 wurde LZ 57 der Marine überlassen und kam nach Königsberg. Hier wurde er mit Aufklärungsaufgaben im gesamten Ostseegebiet betraut. Nach Umbau in Dresden fungierte er bis zur Abrüstung im Juli 1917 als Schulschiff.

Daten des LZ 57 (LZ 87) wie LZ 56

Führung: Hauptleute Masius, Steegmann, Oberleutnant Gerstenberg, Marine-Obering. d. R. Langrehr, Oberleutnant Reinstrom
Standorte im Wechsel: Darmstadt und Namur, Umbau in Dresden, bis 1. 9. 1916 Königsberg
12 Aufklärungsfahrten
2 Angriffe mit 3000 kg Bomben

LZ 58 (LZ 88/L 25) – 1. Fahrt am 14. November 1915

Der Ende Dezember 1915 in Düsseldorf eingetroffene LZ 58 wurde durch Böen so stark beschädigt, daß er fast einen vollen Monat ausfiel. Bis zum Mai 1916 setzte man ihn achtmal ein, unter anderem vor Verdun, doch fielen einige Fahrten dem schlechten Wetter zum Opfer.
Am 25. 4. 1916 attackierten zweimal feindliche Flugzeuge das Luftschiff und beschossen es mit Brandgranaten. Doch dem umsichtigen Verhalten des Kommandanten Hauptmann Falck war es zu verdanken, daß LZ 58 seinen Heimathafen erreichte.
Im Januar 1917 wurde er nach Potsdam überführt, wo die Marine ihn als Versuchsschiff (›L 25‹) in ihre Dienste nahm. Im September 1917 wurde er in Jüterbog abgerüstet.

Daten des LZ 58 (LZ 88/L 25)
wie LZ 55

Führung: Hauptmann Falck, Oberleutnant Gerstenberg,
Kapitänleutnante v. Buttlar, Flemming
Standorte: Hannover, Jüterbog, ab 31. 12. 1915 Düsseldorf,
Maubeuge, Köln im Wechsel bis 30. 5. 1916, dann Seddin, Wainoden, Königsberg
14 Aufklärungen
3 Angriffe mit 4249 kg Bomben

LZ 59 (›L 20‹) – 1. Fahrt am 21. November 1915

Bereits in der Nacht vom 31. 1./1. 2. 1916 unternahm LZ 59 einen Angriff auf englische Städte. Allein im Monat April führte das Schiff fünf Fahrten durch (6000 Kilometer). Am 2./3. Mai 1916 wurde der treibstoffschwache LZ 59 nach Rückkehr von einem Englandangriff abgetrieben und strandete bei Stavanger (Norwegen). Die Besatzung wurde interniert, doch gelang Kapitänleutnant Stabbert nach sechsmonatiger Gefangenschaft die Flucht nach Deutschland.

Daten des LZ 59 ›L 20‹

Länge: 178,80 Meter
Durchmesser: 18,70 Meter
Volumen: 35 800 m³
Nutzlast: 17,9 Tonnen
Motoren: vier Maybach-Motoren von je 240 PS
Geschwindigkeit: 26,5 m/sek
Führung: Kapitänleutnant Stabbert
Standorte: Tondern bis 21. 2. 1916,
Seddin bis 6. 4. 1916, dann Tondern
6 Aufklärungen
2 Angriffe mit 2864 kg Bomben

LZ 60 (LZ 90) – 1. Fahrt am 1. Januar 1916

Im Januar/Februar 1916 mußten wegen Schlechtwetterlage vier Angriffe gegen Verdun abgesetzt werden. Am 7. 3. 1916 wurde Bar-le-Duc, am 31. 3. 1916 Norwich und am 2. 4. 1916 London angegriffen.
Nach baulichen Veränderungen (besonders einer Verlängerung) war LZ 60 Ende August 1916 wieder an der Front.
Am 2. 9. nahm er an einem Geschwaderangriff auf London teil. Trotz beachtlicher Fliegerabwehr erreichten alle eingesetzten Luftschiffe den heimatli-

chen Hafen. Wegen Schlechtwettereinbruchs wurden drei weitere Fahrten abgesagt.
Während einer Fahrt am 22. 10. 1916 gegen Etables war LZ 60 durch starke Winde abgetrieben worden, erreichte jedoch mit eigener Kraft Mannheim und wurde am 7. November 1916 nach Wittmundhaven überführt, wo er bei sehr starkem Wind, der das Einhallen unmöglich machte, landete. In dem ständig wachsenden Sturm konnte die Haltemannschaft LZ 60 nicht mehr bändigen, er riß sich los und trieb unbemannt in die Nordsee ab. Das Schiff wurde nie mehr gesehen.

Daten des LZ 60 (LZ 90)

Länge: 163,50 Meter
Durchmesser: 18,70 Meter
Volumen: 31 900 m³
Nutzlast: 16,2 Tonnen
Motoren: vier Maybach-Motoren von je 240 PS
Geschwindigkeit: 27,0 m/sek

nach Umbau:
Länge: 178,80 Meter
Volumen: 35 800 m³
Nutzlast: 17,9 Tonnen
Geschwindigkeit: 26,5 m/sek
Führung: Leutnant z. S. Lehmann, Hauptmann Gaissert,
Hauptmann La Quiante, Marine-Ing. d. R. Langrehr,
Hauptmann der Landwehr Werner
Standorte: Potsdam, Hannover, Spich, in mehrfachem Wechsel Trier, Namur, Dresden, Mannheim

4 Angriffe mit 8860 kg Bomben

LZ 61 ›L 21‹ – 1. Fahrt am 10. Januar 1916

◀ Abdruck eines abgestürzten Besatzungsmitgliedes

Am 31. 1./1. 2. 1916 startete LZ 61 zu seinem ersten Angriff gegen England und nahm am 24. 4. 1916 an einem Flottenvorstoß deutscher Verbände gegen Lowestoft teil.
Seine letzte Fahrt machte das Luftschiff am 28. 11. 1916. Nach einem Angriff auf Ziele an der englischen Ostküste wurde es wiederholt von gegnerischen Flugzeugen beschossen und schließlich durch Phosphorgranaten in Brand gesetzt. Beim Absturz gab es keine Überlebenden.

Daten des LZ 61 ›L 21‹
wie LZ 60 mit Verlängerung

Führung: Kapitänleutnant d. R. Max Dietrich, ab 24. 6. 1916 Hauptmann d. R. Stelling, ab 15. 8. 1916 Oberleutnant z. S. Frankenberg

Standorte: Nordholz, ab 21. 2. 1916 Seddin, ab 5. 4. 1916 Tondern, ab 16. 4. 1916 Nordholz
17 Aufklärungen
10 Angriffe mit 14 442 kg Bomben

LZ 62 ›L 30‹ – 1. Fahrt am 28. Mai 1916

Dieses Luftschiff war das erfolgreichste des Ersten Weltkrieges. Es hatte sechs Motoren, die beiden achteren waren in je einer Seitengondel untergebracht. Mittschiffs und vorn hatte man Bombenkammern eingerichtet, so daß sich nunmehr fast fünf Tonnen Bomben an Bord befanden. Die Bewaffnung bestand aus zehn Maschinengewehren, von denen drei auf der Oberseite des Schiffskörpers untergebracht waren. Dieses große Schiff war auf der Erde sehr schwer zu manövrieren. Zum Ein- und Aushallen war eine große Hilfsmannschaft notwendig. Im Frühjahr 1917 wurde LZ 62 mit L 37 und vier weiteren Heeresluftschiffen nach Seerappen bei Königsberg verlegt. Über dem Ostseeraum klärte LZ 62 eine Zeitlang auf.
Am 17. 11. 1917 stellte man es in Seerappen außer Dienst, und im Jahr 1920 wurde es zerlegt an Belgien ausgeliefert. Da man dort aber kein so großes Luftschiff unterzubringen vermochte, wurde es demontiert.

Daten des LZ 62 ›L 30‹

Länge: 198,00 Meter
Durchmesser: 23,90 Meter
Volumen: 55 200 m³
Nutzlast: 32,5 Tonnen
Motoren: sechs Maybach-Motoren à 240 PS
Geschwindigkeit: 28,7 m/sek
Führung: Oberleutnant z. S. v. Buttlar, ab 11. 1. 1917 Oberleutnant z. S. Friemel, ab 20. 4. 1917 Oberleutnant z. S. Boedecker
Standorte: Nordholz, ab 21. 8. 1916 Ahlhorn, ab 5. 4. 1917 Tondern, ab 2. 5. 1917 Seerappen
31 Aufklärungen
10 Angriffe mit 23 305 kg Bomben auf England, die aber wegen Unsichtigkeit kaum Schaden anrichteten.

LZ 62 (L 30) beim Landemanöver

LZ 63 (LZ 93) – 1. Fahrt am 23. Februar 1916

LZ 63 fuhr nur drei Angriffe und zwar am 2. 4. 1916 auf Dünkirchen mit 1100 kg, am 24. 4. 1916 auf Mardick bei Gravelines mit 400 kg und am 25. 4. 1916 auf Harwich mit 1740 kg Sprengstoff. Zur Verlängerung wurde LZ 63 nach Dresden verlegt. Wegen schlechten Wetters fanden im Oktober, November und Dezember 1916 keine Unternehmungen statt. Das Schiff lag bis zu seiner Abrüstung im Jahr 1917 in Trier, da die Heeresluftschiffahrt eingestellt worden war.

Daten des LZ 63 (LZ 93)

wie LZ 60

Führung: Hauptleute Schramm, Bode
Standorte: Potsdam, Hannover, Düsseldorf, ab 1. 4. 1916 in mehrfachem Wechsel Namur, Spich, Köln, 14. 8. 1916 bis 1. 10. 1916 Verlängerung in Dresden, danach Düsseldorf
3 Angriffe mit 3240 kg Bomben

LZ 64 ›L 22‹ – 1. Fahrt am 3. März 1916

Unter seinem Kommandanten Martin Dietrich fuhr LZ 64 sieben Angriffe mit insgesamt 7427 kg Sprengstoff gegen England.
Während einer Angriffsfahrt am 27. 11. 1916 wurde die Besatzung Zeuge, wie ›L 34‹ von einem englischen Flugzeug abgeschossen wurde. Im Verlauf dieses Gefechts erhielt LZ 64 so schwere Zellenbeschädigungen, daß er in Hage notlanden mußte.
Am 14. Mai 1917 kehrte das Luftschiff von einer Aufklärungsfahrt nicht mehr zurück. Ein englisches Flugzeug hatte es bei Terschelling abgeschossen. Keine Überlebenden.

Daten des LZ 64 ›L 22‹

wie LZ 61

Führung: Kapitänleutnant Martin Dietrich, ab 7. 10. 1916 Kapitänleutnant Hollender, ab 14. 2. 1917 Kapitänleutnant Hankow, ab 22. 2. 1917 Oberleutnant z. S. Lehmann
Standorte: Tondern, ab 15. 3. 1916 Nordholz, ab 16. 4. 1916 Tondern, ab 20. 9. 1916 Nordholz, ab 3. 3. 1917 Hage, ab 5. 4. 1917 Wittmundhaven
30 Aufklärungen
8 Angriffe mit 9215 kg Bomben

LZ 65 (LZ 95) – 1. Fahrt am 1. Februar 1916

In einer hellen Mondnacht, am 21. Februar 1916, hatte man LZ 65 auf Vitry-le-François angesetzt. Er hatte eine Bombenlast von 4000 kg an Bord und dürfte wohl überladen gewesen sein. In 3200 Meter Höhe erhielt er schweres Abwehrfeuer, strandete beschädigt bei Namur und zerbrach. Es war der zweite Luftschiffverlust vor Verdun.

Daten des LZ 65 (LZ 95)

Länge: 178,80 Meter
Durchmesser: 18,70 Meter
Volumen: 35 800 m³
Nutzlast: 17,9 Tonnen
Motoren: vier Maybach-Motoren von je 240 PS
Geschwindigkeit: 26,5 m/sek
Führung: Hauptmann George
Standorte: Düsseldorf, Namur

LZ 66 (›L 23‹) – 1. Fahrt am 8. April 1916

Am 24. 4. 1916 fielen bereits von LZ 66 die Bomben auf britische Kreuzerstützpunkte. Besonders betroffen war Harwich. Im ganzen sind drei Angriffe auf England belegt, unter anderem wurde das Danby-Hochmoor in Brand gesetzt.
Eine der wichtigsten Fahrten fand am 23. 4. 1917 statt, als das Luftschiff nördlich Horns Riff die norwegische Dreimastbark ›Royal‹ aufbrachte, die mit Konterbande beladen war. Es ließ sich neben dem Segler auf dem Wasser nieder und schickte ein Prisenkommando von 3 Mann hinüber, das die ›Royal‹ nach Cuxhaven brachte.
Westlich Jütland schoß am 21. August 1917 ein Bordflugzeug des englischen Kreuzers ›Yarmouth‹ LZ 66 ab. Es gab keine Überlebenden.

Daten des LZ 66 ›L 23‹
wie LZ 65

Führung: Kapitänleutnant von Schubert,
ab 10. 8. 1916 Kapitänleutnant Ganzel,
ab 30. 1. 1917 Kapitänleutnant Stabbert,
ab 30. 3. 1917 Kapitänleutnant Bockholt,
ab 14. 6. 1917 Oberleutnant z. S. Dinter
Standorte: Tondern, ab 29. 4. 1916 Nordholz,
ab 9. 11. 1916 Tondern

51 Aufklärungen
3 Angriffe mit 5254 kg Bomben

Detailzeichnung des LZ 66 (L 23)

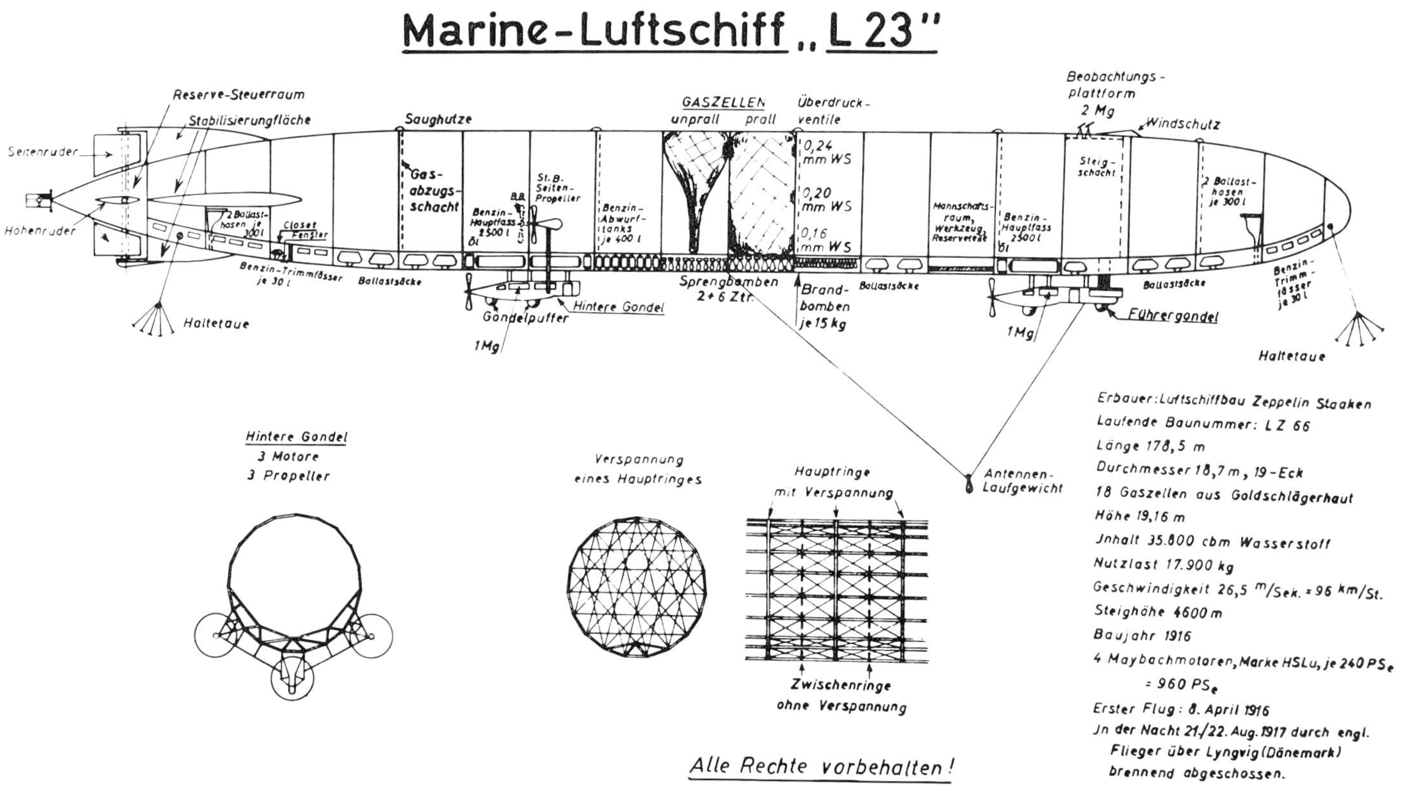

LZ 67 (LZ 97) – 1. Fahrt am 4. April 1916

Gegen Mitte April 1916 traf LZ 67 an der Westfront ein und befand sich bereits am 25. April 1916 mit 1500 kg Sprengkörpern über London. Auf der Rückfahrt in der Nähe von Gent kam er mit zwei feindlichen Flugzeugen in ein hartes Gefecht. Eines davon wurde durch MG-Feuer über Holland zur Notlandung gezwungen, während das andere durch Steigen auf 4520 Meter überhöht wurde.

Die nächste Angriffsfahrt am 23. 8. 1916 sah LZ 67 wieder über London, wobei 1560 kg Bomben abgeworfen wurden. Während eines Geschwaderunternehmens am 2. 9. mußte das Schiff nach stundenlangem Umherirren umkehren.

Am 22. 9. 1916 fuhr LZ 67 mit 1200 kg Bomben Boulogne an. Anfang Oktober verlegte man das Schiff nach Szentandras, wo es am 23./24. 10. 1916 Bukarest mit 1500 kg Bomben belegte. Im Frühjahr 1917 startete LZ 67 noch zu fünf Fahrten gegen Valona, Tarent, Brindisi und Kischniew, doch konnten infolge ungünstiger Wetterlage keine Erfolge erzielt werden. Am 5. Juli 1917 wurde LZ 67 außer Dienst gestellt und abgerüstet.

Daten des LZ 67 (LZ 97)
wie LZ 66

Nutzlast: 18,2 Tonnen
Führung: Hauptmann Linnarz, Oberleutnant Weidling, Hauptmann Bruns

Standorte im Westeinsatz: bis Ende Juli 1917 in mehrfachem Wechsel Mannheim und Namur
ab 3. 9. 1917 Wittmundhaven,
bis Oktober Darmstadt,

im Osteinsatz: bis Juli 1917 in Szentandras
4 Angriffe mit 5760 kg Bomben

LZ 68 (LZ 98) – 1. Fahrt am 28. April 1916

Wegen ungünstiger Witterungsverhältnisse mußten bis zum 31. 8. 1916 sieben Fahrten gegen England abgebrochen werden. Bei einer Fahrt schlug ein Blitz in die Schiffsnase ein, ohne größeren Schaden anzurichten. Am 2. 9. 1916 warf LZ 68 1513 kg Sprengstoff über London ab. Im Oktober erwies sich der ›Spähkorb‹ als letzte Rettung, als das Schiff an der holländischen Küste die Orientierung verlor.

Mitte November 1916 wurde LZ 68 nach Kowno verlegt. Ein gegen Petersburg geplanter Angriff am 31. 1. 1917 wurde nicht durchgeführt. Im Mai 1917 übergab man das Schiff an die Marine, in deren Diensten es noch 15 Aufklärungsfahrten über dem Ostseegebiet durchführte und dabei 11 982 Kilometer zurücklegte. Nach Einstellung der Heeresluftschiffahrt wurde das Schiff im August 1917 in Jüterbog außer Dienst gestellt und abgerüstet.

Daten des LZ 68 (LZ 98)
wie LZ 67

Nutzlast: 18,4 Tonnen
Motoren: sechs Maybach-Motoren von je 240 PS
Geschwindigkeit: 28,7 m/sek
Führung: Leutnant z. S. Lehmann
Standorte: bis 18. 6. 1916 Hannover, bis 31. 8. Wildeshausen, bis 2. 9. Namur, Ahlhorn vom 5. 9. bis 15. 11., danach Wildeshausen und Namur in mehrfachem Wechsel.
Ab Dezember 1916 Osteinsatz. Dort Kowno, Wainoden, Allenstein.
15 Aufklärungen
1 Angriff mit 1513 kg Bomben

Führergondel eines Armee–Luftschiffs (1917)

LZ 69 ›L 24‹ – 1. Fahrt am 20. Mai 1916

Am 31. 5./1. 6. 1916, dem Tag der Skagerrak-Schlacht, kam von LZ 69 während einer Aufklärungsfahrt die Meldung, daß sich Teile der englischen Flotte in der Jammerbucht ansammelten. Doch war diese Mitteilung falsch. Es konnte bis heute nicht geklärt werden, was das Schiff beobachtet hatte. Mehrere Angriffe auf Ziele in England waren erfolgreich. Besonders Norwich, Hull und London waren Opfer dieser Luftangriffe.
Durch Anecken beim Einfahren in seine Halle brannte das Luftschiff zusammen mit ›L 17‹ am 28. 12. 1916 in Tondern ab.

Daten des LZ 69 ›L 24‹
wie LZ 68

Führung: Kapitänleutnant Koch,
ab 17. 10. 1916 Oberleutnant z. S. Friemel

Standort: Tondern

19 Aufklärungen
4 Angriffe mit 8510 kg Bomben

LZ 70 wurde nicht gebaut

LZ 71 (LZ 101) – 1. Fahrt am 29. Juni 1916

LZ 71 wurde Anfang August 1916 nach Jamboli verlegt. Im August/September fuhr das Schiff drei Angriffsfahrten gegen Bukarest mit je 2000 kg Bomben. Am 5./6. 10. folgte ein Angriff auf Ciulnita bei Calarasi. Ende Oktober wurde Fetesi (westlich Cernavoda) angegriffen und am 25./26. 12. Galatz. Anfang 1917 fuhr das Schiff Einsätze gegen Odessa, Mytilene, Jassy und Mudros. Am 31. 8. 1917 wurde LZ 71 von Jamboli nach Schneidemühl überführt. Die Strecke (1800 km) wurde in 25 Stunden und 30 Minuten zurückgelegt. Im September des gleichen Jahres wurde das Schiff demontiert.

Daten des LZ 71 (LZ 101)
wie LZ 69

Führung: Hauptmann Gaissert, Oberleutnant Koreuber

Standorte: Hannover, Spich, Szentandras, Jamboli, Schneidemühl, Szentandras, Jamboli

7 Angriffe mit 11 934 kg Bomben

LZ 72 ›L 31‹ – 1. Fahrt am 12. Juli 1916

Einsatzgebiet Nordsee und England. LZ 72 leistete hervorragende Aufklärungsdienste, besonders bei der Flottenoperation gegen Sunderland am 19. 8. 1916, als er Bewegungen der ›Grand Fleet‹ verfolgte und der Seekriegsleitung meldete. Das Schiff fuhr sechs Angriffe gegen England. Am 1./2. 10. 1916, nach Abwurf seiner Bomben über London, wurde es von einem englischen Flugzeug brennend abgeschossen. Es gab keine Überlebenden.

Daten des LZ 72 ›L 31‹
wie LZ 62

Führung: Kapitänleutnant Mathy
Standorte: Nordholz, ab 7. 8. 1916 Ahlhorn
1 Aufklärung
6 Angriffe mit 19 411 kg Bomben

LZ 73 (LZ 103) – 1. Fahrt am 23. August 1916

Gegen französische Häfen gerichtete Angriffe im September 1916 verliefen wegen der ungünstigen Wetterlage ergebnislos. Am 1. 10. 1916 glückte jedoch mit 1530 kg Bomben ein Angriff auf Calais. Alle weiteren Unternehmungen in den Wintermonaten 1916/17 scheiterten an der ungünstigen Wetterlage. LZ 73 wurde im Frühjahr 1917 nach Königsberg überführt und dort im August des gleichen Jahres abgerüstet.

Daten des LZ 73 (LZ 103)
wie LZ 71

Führung: Hauptmann Falck, Oberleutnant Seibt
Standorte: Hannover, Wittmundhaven bis 7. 9. 1916, Spich, ab April 1917 Königsberg

1 Angriff mit 1530 kg Bomben

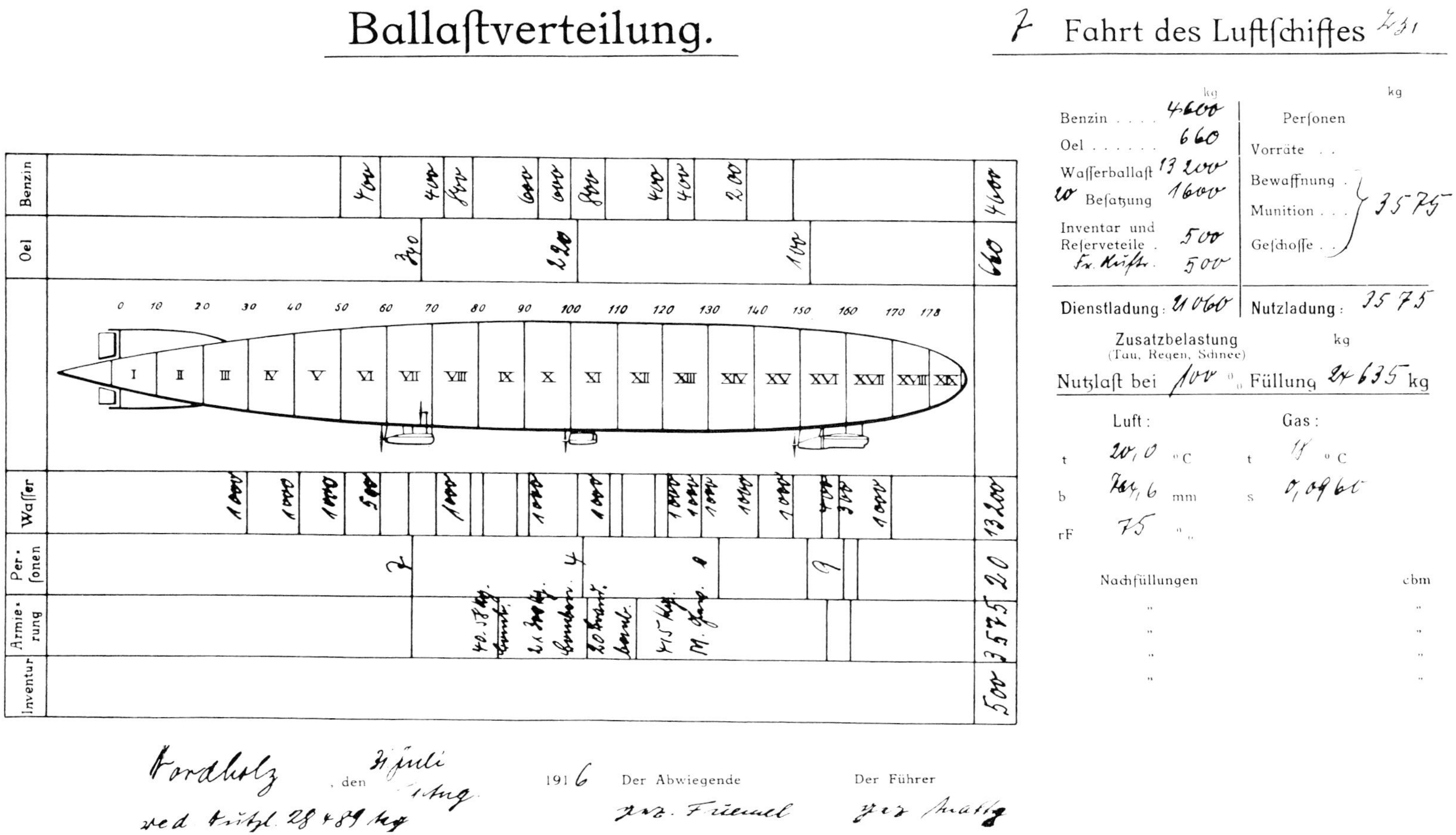

Ballaſtverteilung.

7 Fahrt des Luftſchiffes L 31

	kg		kg
Benzin	4600	Perſonen	
Oel	660	Vorräte	
Waſſerballaſt	13 200	Bewaffnung	3575
20 Beſatzung	1600	Munition	
Inventar und Reſerveteile	500	Geſchoſſe	
Ex. Kräfte	500		
Dienſtladung:	21 060	Nutzladung:	3575

Zuſatzbelaſtung (Tau, Regen, Schnee) kg

Nutzlaſt bei 100 % Füllung 24 635 kg

	Luft:		Gas:
t	20,0 °C	t	18 °C
b	764,6 mm	s	0,0960
rF	75 %		

Nachfüllungen cbm

	Summe
Benzin	4600
Oel	660
Waſſer	13 200
Perſonen	20
Armierung	3575
Inventur	500

Nordholz, den 31 Juli 1916 — Der Abwiegende gez. Friemel — Der Führer gez. Mathy

ved. Aufstg. 28489 kg

Ballastplan vor einer Kriegsfahrt des LZ 72 (L 31)

LZ 74 ›L 32‹ –
1. Fahrt am 4. August 1916

LZ 74 leistete ebenfalls gute Aufklärungsdienste während der Sunderlandoperation. Er wurde schon am 24. September 1916 von einem britischen Flugzeug über London brennend zum Absturz gebracht. Keine Überlebenden.

Daten des LZ 74 ›L 32‹
wie LZ 62

Führung: Oberleutnant z. S. Peterson
Standorte: Nordholz, ab 19. 9. 1916 Ahlhorn
1 Aufklärung
3 Angriffe mit 6860 kg Bomben

LZ 74 (L 32) während eines Flottenmanövers

LZ 74 auf Angriffsfahrt gegen England

LZ 74 am 24. 9. 1916 über London abgeschossen

Eine Motorgondel nach dem Absturz

LZ 75 (›L 37‹) – 1. Fahrt am 9. November 1916

Einsatzgebiet: Nordsee, Ostsee und England. Dieses Luftschiff war der erste Neubau der Werft in Staaken. Es wurde am 24. 12. 1917 in Seddin außer Dienst gestellt und 1920 zerlegt an Japan ausgeliefert.

Daten des LZ 75 ›L 37‹

wie LZ 74

Führung: Kapitänleutnant d. R. Proells, ab 1. 6. 1917 Kapitänleutnant Gärtner

Standorte: Ahlhorn, Nordholz, ab Mai 1917 Tondern, ab Juni 1917 Seddin, Wainoden, Seerappen, Seddin
17 Aufklärungen
4 Angriffe mit 6450 kg Bomben

LZ 76 (›L 33‹)
1. Fahrt am 30. August 1916

Am 2./3. 9. 1916 startete LZ 76 einen erfolgreichen Angriff gegen Südostengland. Während seiner zweiten Fahrt am 23./24. September 1916 mußte das Schiff infolge Gasverlustes durch Schußbeschädigungen in Brentwood in Essex notlanden. Die Besatzung geriet in Gefangenschaft. Obwohl sie Hülle und Zellen verbrannt hatte, wurde von englischen Ingenieuren das Schiffsgerippe vermessen. Der 1919 in England fertiggebaute ›R 34‹ wurde als Zeppelinnachbau hergestellt.

Daten des LZ 76 ›L 33‹

wie LZ 75

Führung: Kapitänleutnant Boecker
Standort: Nordholz

1 Angriff mit 3200 kg Bomben

◀ Stark beschädigte Motorgondel des LZ 76 (L 33)

Die Führergondel des LZ 76

Zerstörte Teile der Konstruktion

LZ 77 (LZ 107) – 1. Fahrt am 16. Oktober 1916

Auch dieses Luftschiff war mit einem Spähkorb ausgerüstet. Einige wegen schlechter Wetterlage abgebrochene Fahrten im Spätjahr 1916 hatten zur Folge, daß nur noch ein einziger Angriff zustande kam. Dies war am 16. 2. 1917, als LZ 77 in Hannover startete und aus 2850 Metern Höhe unter Benutzung seines Spähkorbes überraschend 1440 kg Sprengstoff auf Boulogne warf. Während der Fahrt versagte ein Motor, der zugleich die Spähkorbspindel in Funktion setzte. In siebenstündiger Arbeit gelang es, den Korb mit dem Beobachter aufzuholen. LZ 77 wurde im Juli 1917 in Darmstadt abgerüstet.

> ## Daten des LZ 77 (LZ 107)
> wie LZ 73
>
> *Führung:* Hauptmann Sommerfeldt, Oberleutnant Reinstrom
>
> *Standorte:* Jüterbog, ab 22. 10. 1916 Düren, danach Hannover
>
> 1 Angriff mit 1440 kg Bomben

LZ 77 beim ›Auswiegen‹

Geschwaderangriff der Luftschiffe L 14, L 16, L 30 und L 32 gegen England ▶

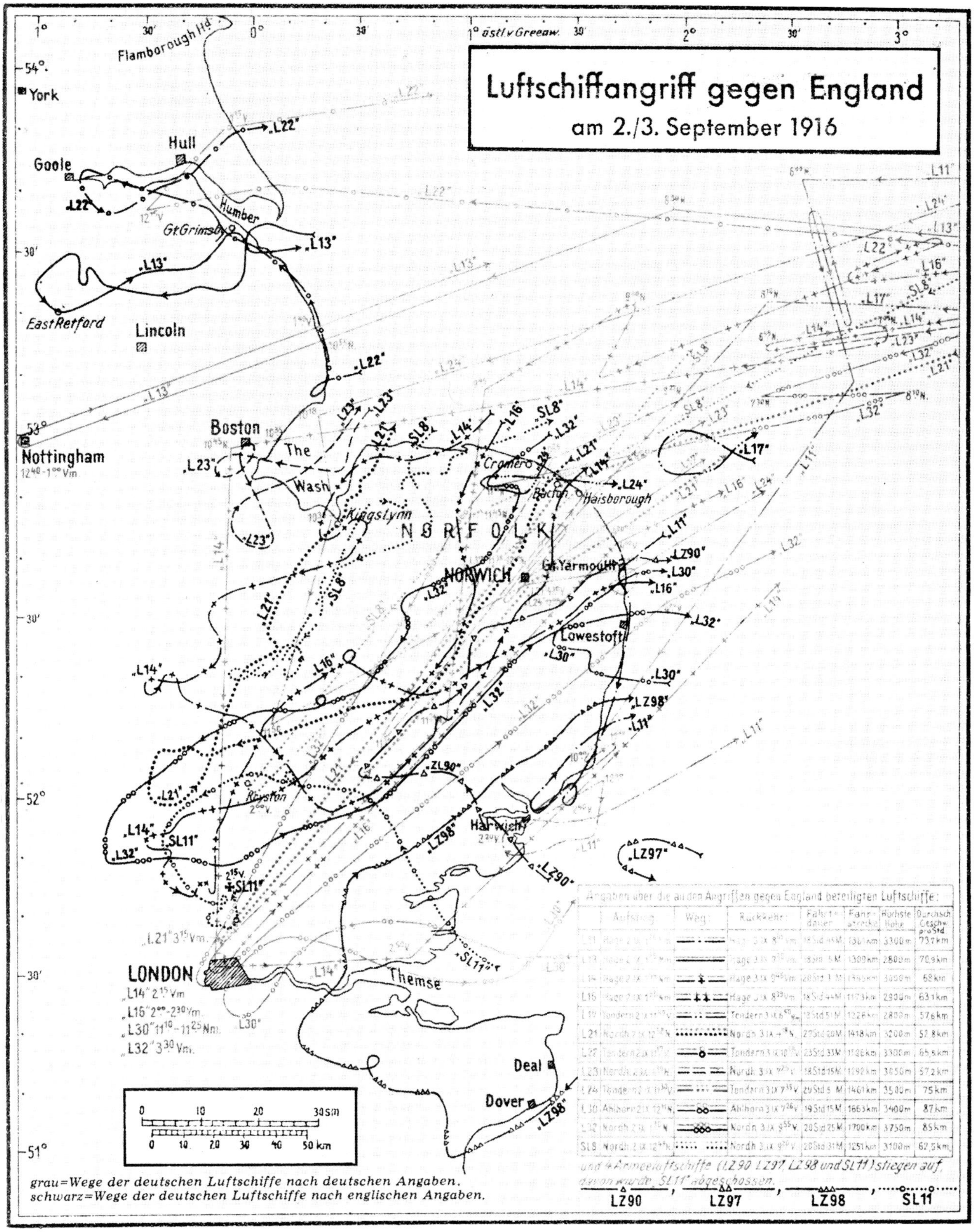

Angaben über die an den Angriffen gegen England beteiligten Luftschiffe:

	Aufstieg	Weg	Rückkehr	Fahrtdauer	Fahrstrecke	Höchste Höhe	Durchschn. Geschw. pro Std.
L11	Hage 2.IX [illegible]		Hage 3.IX 8[illegible] Vm	18Std 45M	1361km	3300m	73,7km
L13	Hage 2.IX [illegible]		Hage 3.IX 7[illegible] Vm	[illegible] 5M	1309km	2800m	70,9km
L14	Hage 2.IX [illegible]		Hage 3.IX 9^{45} Vm	20Std 1 M	1345km	3000m	68km
L16	Hage 2.IX [illegible]		Hage 3.IX 8^{30} Vm	18Std 44M	1173km	2900m	63,1km
L17	Tondern 2.IX [illegible] V		Tondern 3.IX 6^{50} Vm	13Std 51M	1226km	2800m	57,6km
L21	Nordh. 2.IX 12^{52} N		Nordh. 3.IX 4^{18} N	27Std 20M	1418km	3200m	52,8km
L22	Tondern 2.IX [illegible] V		Tondern 3.IX 10^{30} V	23Std 33M	1126km	3300m	65,5km
L23	Nordh. 2.IX [illegible] N		Nordh. 3.IX 9^{25} V	18Std 15M	1292km	3050m	57,2km
L24	Tondern 2.IX 11^{32} V		Tondern 3.IX 7^{36} V	20Std 5 M	1461km	3500m	75km
L30	Ahlhorn 2.IX 12^{11} N		Ahlhorn 3.IX 7^{26} V	19Std 15M	1663km	3400m	87km
L32	Nordh. 2.IX 1^{20} N		Nordh. 3.IX 9^{55} V	20Std 25M	1700km	3750m	85km
SL8	Nordh. 2.IX 12^{44} N		Nordh. 3.IX 9^{20} V	20Std 31M	1251km	3100m	62,5km

grau = Wege der deutschen Luftschiffe nach deutschen Angaben.
schwarz = Wege der deutschen Luftschiffe nach englischen Angaben.

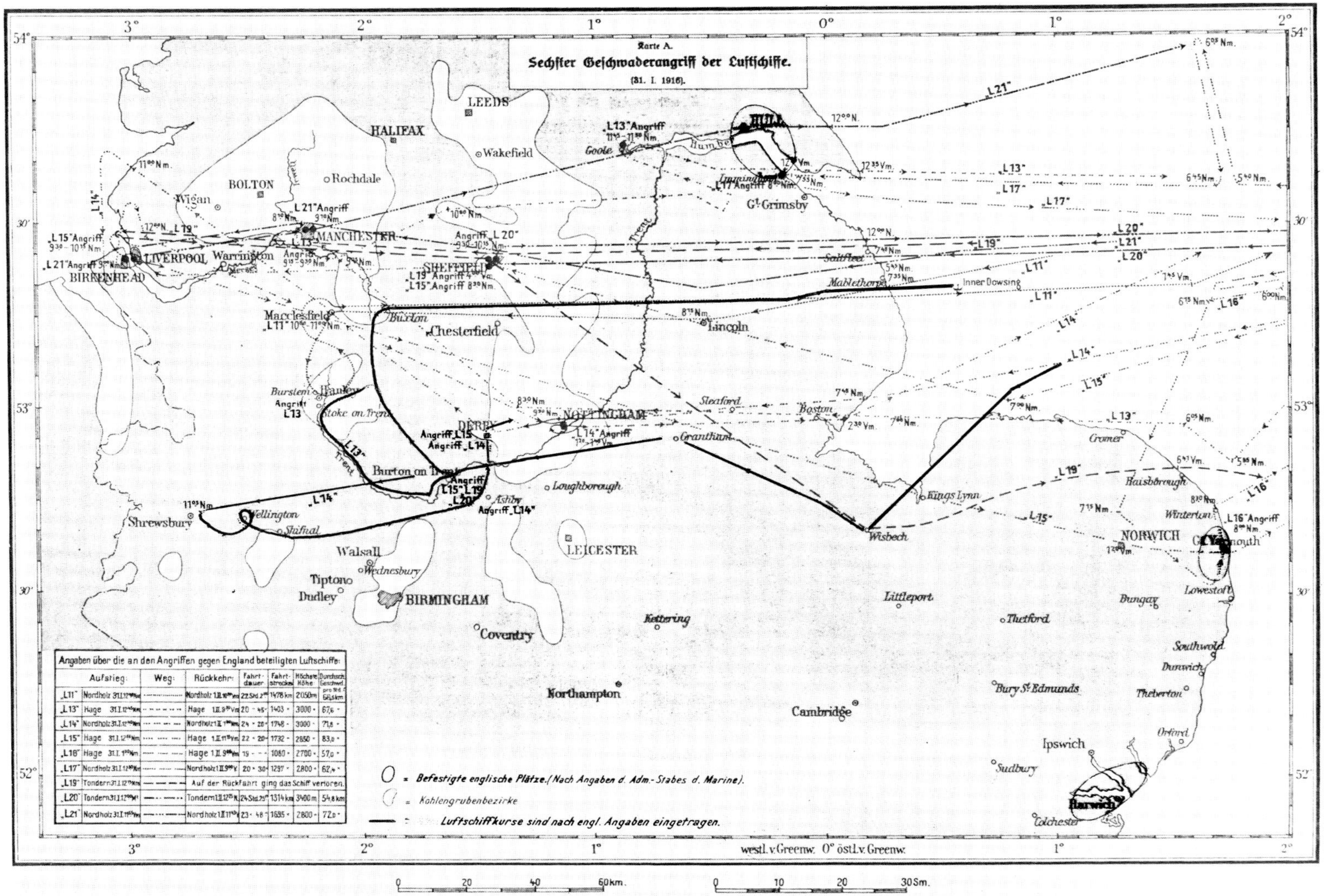

Angaben über die an den Angriffen gegen England beteiligten Luftschiffe:							
	Aufstieg:	Weg:	Rückkehr:	Fahrtdauer	Fahrtstrecke	Höchste Höhe	Durchschn. Geschwd. pro Std.
„L11“	Nordholz 31.I.12 Nm		Nordholz 1.II.10 Vm	22 Std. 2 m	1478 km	2050 m	66,5 km
„L13“	Hage 31.I.12 Nm		Hage 1.II.9 Vm	20 " 45 "	1403 "	3000 "	67,6 "
„L14“	Nordholz 31.I.12 Nm		Nordholz 1.II.1 Nm	24 " 20 "	1748 "	3000 "	71,8 "
„L15“	Hage 31.I.12 Nm		Hage 1.II.11 Vm	22 " 20 "	1732 "	2850 "	83,0 "
„L16“	Hage 31.I.1 Nm		Hage 1.II.9 Vm	19 " – "	1080 "	2700 "	57,0 "
„L17“	Nordholz 31.I.12 Nm		Nordholz 1.II.9 V	20 " 30 "	1237 "	2800 "	62,4 "
„L19“	Tondern 31.I.12 Nm		Auf der Rückfahrt ging das Schiff verloren.				
„L20“	Tondern 31.I.12 Nm		Tondern 1.II.12 N	24 Std. 25 m	1314 km	3400 m	54,8 km
„L21“	Nordholz 31.I.11 Vm		Nordholz 1.II.11 V	23 " 48 "	1695 "	2800 "	72,0 "

Geschwaderangriff vom 31. Januar 1916

LZ 78 ›L 34‹ – 1. Fahrt am 22. September 1916

LZ 78 wurde bereits nach drei Unternehmungen gegen England am 28. November 1916 über Hartlepool von einem Flugzeug abgeschossen. Keine Überlebenden.

Daten des LZ 78 ›L 34‹
wie LZ 76

Führung: Kapitänleutnant d. R. Max Dietrich
Standort: Nordholz
3 Aufklärungen
2 Angriffe mit 3890 kg Bomben

LZ 79 ›L 41‹ – 1. Fahrt am 15. Januar 1917

Einsatz über Nordsee und England. Vom 11. 12. 1917 an befand sich das Luftschiff im Schulbetrieb. Hier absolvierte es achtzehn Fahrten. Am 29. 5. 1918 wurde LZ 79 außer Dienst gestellt und am 23. 6. 1919 in der Halle von Nordholz zerstört.

Daten des LZ 79 ›L 41‹
wie LZ 78

Führung: Hauptmann Manger
Standort: Nordholz
15 Aufklärungen
4 Angriffe mit 6567 kg Bomben

LZ 80 (L 35) während einer Landung

LZ 80 ›L 35‹ – 1. Fahrt am 20. Oktober 1916

Als 1916 die ersten Phosphorgeschosse benutzt wurden, bahnte sich das Ende der deutschen Kriegsluftschiff-Ära an. Die Verluste an Menschen und Material waren, an den Erfolgen gemessen, viel zu hoch. LZ 80 machte nur wenige Angriffsfahrten, so am 16. 3. 1917 gegen London, am 21. 8. gegen Schiffsziele in der Nordsee und am 24. 9. 1917 gegen die Parkgate-Stahlwerke in der Nähe der Humbermündung. Wegen eines Sturmes war während der Heimfahrt eine Zwischenlandung in Dresden notwendig geworden. Nach der Landung wurde LZ 80 beim Einhallen schwer beschädigt. Die Reparaturen nahmen drei Monate in Anspruch. Vom 26. September 1917 an war LZ 80 Versuchsschiff in Jüterbog und wurde im September 1918 als veraltet abgerüstet.

Daten des LZ 80 ›L 35‹

wie LZ 79

Führung: Kapitänleutnant Ehrlich,
ab 26. 9. 1917 Kapitänleutnant Sommerfeldt,
ab 7. 6. 1918 Oberleutnant z. S. Vermehren
Standorte: Ahlhorn, Seerappen, Jüterbog

13 Aufklärungen
3 Angriffe mit 4284 kg Bomben

LZ 81 (LZ 111) – 1. Fahrt am 20. Dezember 1916

LZ 81 kam im Heeresdienst nicht mehr zum Einsatz, sondern wurde zu Aufklärungszwecken über dem Ostseegebiet im Mai 1917 der Marine zur Verfügung gestellt, wo er während sieben Fahrten 5611 Kilometer bewältigte.
Am 10. 8. 1917 wurde das Schiff in Dresden abgerüstet.

Daten des LZ 81 (LZ 111)

wie LZ 71

Führung: Hauptmann Barth
Standorte: Seddin, Schneidemühl, Seddin
7 Aufklärungsfahrten

LZ 82 (›L 36‹) – 1. Fahrt am 1. November 1916

Dieses Luftschiff machte über der Nordsee und England zwanzig Fahrten. Am 17. 2. 1917 schlug es auf das Eis der Weser auf, wurde bei Rethem an der Aller schwer beschädigt und mußte notlanden. Kurz darauf wurde es abgewrackt.

Daten des LZ 82 ›L 36‹

wie LZ 80

Führung: Korvettenkapitän Schütze,
ab 9. 12. 1916 Kapitänleutnant d. R. Eichler
Standort: Nordholz
4 Aufklärungen

Lenkbare Luftschiffe: Oben »Groß-Basenach«, unten »Parseval«.

LZ 4 über der schwimmenden Halle in Manzell. Nach einem Gemälde von Professor Zeno Diemer.

Luftschiff bombadiert feindliche Stellungen.

Das Luftschiff »Graf Zeppelin« vor den Kreidekalkfelsen der englischen Südküste. Nach einem Gemälde von Th. Stäpper.

LZ 83 (LZ 113) – 1. Fahrt am 22. Februar 1917

LZ 83 war für den Einsatz im Osten vorgesehen und wurde an die Marine übergeben. Von Seddin aus machte er fünfzehn Aufklärungsfahrten und wirkte durch drei Angriffe bei der Ösel-Landung mit. Am 8. 10. 1918 wurde er in seiner Halle aufgehängt. Im Oktober 1920 fanden noch einige Probefahrten statt; dann lieferte man das Schiff an Frankreich aus.

Daten des LZ 83 (LZ 113)

wie LZ 82

Führung: Oberleutnant Weidling, Hauptmann Falck,
Probefahrten: Oberleutnant z. S. v. Schiller,
Ablieferungsfahrt: Kapitän Heinen
Standorte: Jüterbog, Seddin
15 Aufklärungen
3 Angriffe mit 6000 kg Bomben

LZ 84 ›L 38‹ – 1. Fahrt am 22. November 1916

Zu einem Angriffsunternehmen auf Reval und Petersburg verlegte man LZ 84 nach Seerappen. Bei Seemuppen (Kurland), am 29. 12. 1916, mußte das Schiff bei einer versuchten Angriffsfahrt durch Eis- und Schneebelastung auf einen Wald gesetzt werden und zerbrach. Es wurde abgerüstet.

Daten des LZ 84 ›L 38‹

wie LZ 83

Führung: Kapitänleutnant Martin Dietrich
Standorte: Ahlhorn, ab 20. 12. 1916 Wainoden
1 abgebrochener Angriff

LZ 85 ›L 45‹ – 1. Fahrt am 12. April 1917

LZ 85 stand im Einsatz über der Nordsee und England. Auf der Rückfahrt von einem Angriff am 20. 10. 1917 mußte er wegen Brennstoffmangel bei Sisteron in Frankreich notlanden. Er wurde dabei vernichtet, und die Besatzung geriet in Gefangenschaft.

Daten des LZ 85 ›L 45‹

wie LZ 84

Führung: Kapitänleutnant Kölle
12 Aufklärungen
3 Angriffe mit 4700 kg Bomben

LZ 86 ›L 39‹ – 1. Fahrt am 11. Dezember 1916

Einsatzgebiet Nordsee und England.
Am 7. März 1917 wurde LZ 86, von einer Angriffsfahrt auf England über Frankreich kommend, bei Compiègne von der Flak brennend abgeschossen. Keine Überlebenden.

Daten des LZ 86 ›L 39‹

wie LZ 85

Führung: Kapitänleutnant Koch
Standort: Ahlhorn
2 Aufklärungen
1 Angriff mit 300 kg Bomben

LZ 86 (L 39) beim Start

LZ 86 über dem Flugfeld

LZ 87 ›L 47‹ – 1. Fahrt am 11. Mai 1917

Einsatz über Nordsee und England.
Das Schiff wurde am 5. 1. 1918 bei einer Explosion in den Hallen von Ahlhorn vernichtet.

Daten des LZ 87 ›L 47‹
wie LZ 86

Führung: Kapitänleutnant v. Freudenreich
Standorte: Ahlhorn, ab 26. 9. 1917 Wildeshausen, ab 19. 10. 1917 Ahlhorn
18 Aufklärungen
3 Angriffe mit 3240 kg Bomben

LZ 88 (›L 40‹) – 1. Fahrt am 3. Januar 1917

LZ 88 fuhr zwei Angriffe gegen England (17. 3. und 24. 5. 1917). Irrtümlich war angenommen worden, 1840 kg Bomben über London abgeworfen zu haben, doch fielen diese auf offenes Gelände und richteten keinen Schaden an. Während des Angriffs war das Schiff nach Frankreich abgetrieben worden. Mit den letzten Treibstoffreserven gelang es, in 5600 Metern Höhe die Westfront ohne Schaden zu überqueren und den Heimathafen Ahlhorn anzusteuern.

Während seiner zweiten Angriffsfahrt hatte LZ 88 ein schweres Gefecht mit einem britischen Flugboot zu

LZ 88 (L 40) macht klar zur Feindfahrt

bestehen, doch landete es unbeschädigt mittags um 14.00 Uhr in Wittmundhaven.

Am 1. 6. 1917 entdeckte das Schiff ein Minenfeld in der Deutschen Bucht. Am 5. 6. hatte es mit dem gleichen Flugboot, mit dem es schon einmal zusammengetroffen war, ein weiteres Gefecht. Deutsche Minensuchboote eilten dem Luftschiff zu Hilfe. Bei einer Fehllandung am 16. Juni 1917 in Nordholz wurde LZ 88 beschädigt und abgerüstet.

Daten des LZ 88 ›L 40‹
wie LZ 87

Führung: Kapitänleutnant Sommerfeldt
Standorte: Ahlhorn, ab 1. 5. 1917 Wittmundhaven
6 Aufklärungsfahrten
2 Angriffe mit 3105 kg Bomben

LZ 89 (›L 50‹) – 1. Fahrt am 9. Juni 1917

LZ 89 fuhr im Westeinsatz über England und der Nordsee. Das Schiff mußte am 20. 10. 1917 auf der Rückfahrt wegen Brennstoffmangels bei Dammartin in Frankreich notlanden. Es ging mit vier Mann an Bord wieder hoch und trieb ins Mittelmeer ab. Sechzehn Mann der Besatzung gerieten in Gefangenschaft.

Daten des LZ 89 ›L 50‹
wie LZ 88

Führung: Kapitänleutnant Schwonder
Standort: Ahlhorn
5 Aufklärungen
2 Angriffe mit 4135 kg Bomben

LZ 89 (L 50) wird gewartet

LZ 90 (LZ 120) – 1. Fahrt am 31. Januar 1917

Das Schiff stand im Osteinsatz. Ein Angriffsversuch auf St. Petersburg scheiterte an der Wetterlage. Später wurde LZ 90 an die Marine abgegeben und unterstützte die Riga- und Öselkämpfe durch 17 Aufklärungsfahrten und drei Angriffe.
Für ein geplantes Afrika-Unternehmen war das Schiff vom 26. bis 31. 7. 1917 für 101 Stunden in der Luft. Diese Fahrt mußte wegen Schlechtwettereinbruchs abgebrochen werden.
Am 8. 10. 1917 hängte man LZ 90 in seiner Halle in Seerappen auf. Am 15. 11. 1920 erfolgte eine Probefahrt, und am 27. 11. 1920 überführte man das Schiff nach Staaken. Nach einigen kleinen Reparaturen erfolgte die Ablieferung an Italien, wo das Schiff am 24. 12. 1920 in Ciampino bei Rom eintraf. Dort zerbrach es ein knappes Jahr später beim Entleeren.

Daten des LZ 90 (LZ 120)

wie LZ 89

Führung: Leutnant d. R. Lehmann
Probefahrten: Oberleutnant z. S. v. Schiller
Ablieferungsfahrt: Hauptmann a. D. Pochhammer
Standorte: Jüterbog, bis 4. 5. 1917 Kowno, danach Seerappen
17 Aufklärungen
3 Angriffe mit 11 250 kg Bomben

Der Spähkorb des LZ 90

LZ 90 wird an der Seilspinne aus der Halle gezogen ▼

LZ 91 ›L 42‹ – 1. Fahrt am 21. Februar 1917

Während seiner ersten Angriffsfahrt am 23./24. 5. 1917, die mit 1600 kg Bomben gegen Südengland gerichtet war, wurde LZ 91 von einem schweren Gewitter überrascht und zweimal vom Blitz getroffen, der jedoch den First entlanglief und am Heck und an den Seitenpropellern wieder austrat.
Zusammen mit L 43, L 44 und L 45 wurde während einer Geschwaderfahrt am 16./17. 6. 1917 sehr wirksam ein Munitionslager in England angegriffen. Einem britischen Fliegerangriff in großer Höhe entkam das Luftschiff, indem es auf 5000 Meter steigen konnte. Es folgten am 21. 8. ein Angriff mit 700 kg auf Batterien bei Grimsby und am 24. 9. 1917 Bombenabwürfe auf Vorpostenschiffe vor dem Humber. Bei einem weiteren geplanten Angriff wurde LZ 91 per Funk zurückbeordert.

Vom 6. 6. 1918 an war das Schiff im Schulbetrieb eingesetzt, wurde am 9. 11. 1918 außer Dienst gestellt und am 23. 6. 1919 in Nordholz zerstört.

In der Führergondel eines Luftschiffes über England

Daten des LZ 91 ›L 42‹

Länge: 196,50 Meter
Durchmesser: 23,90 Meter
Volumen: 55 500 m³
Nutzlast: 36,4 Tonnen
Motoren: fünf Maybach-Motoren von je 240 PS
Geschwindigkeit: 28,7 m/sek
Führung: Kapitänleutnant Martin Dietrich
Standorte: Nordholz, ab 17. 4. 1918 Ahlhorn, ab 4. 6. 1918 Nordholz
20 Aufklärungen
4 Angriffe mit 6030 kg Bomben

Kapitänleutnant Martin Dietrich

In der hinteren Maschinengondel während der Fahrt durch eine feindliche Luftsperre über England

LZ 92 ›L 43‹ – 1. Fahrt am 6. März 1917

Das Luftschiff machte nur einen Angriff auf England am 24. 5. 1917, als es die Docks von London mit 1850 kg Sprengstoff belegte. Der Rückflug in schwerem Wetter war sehr bewegt, doch glückte eine glatte Landung nach dreiundzwanzigstündiger Abwesenheit.

Am 14. Juni wurde LZ 92 während einer Aufklärungsfahrt von einer englischen Curtiss-Maschine brennend abgeschossen. Es gab keine Überlebenden.

Daten des LZ 92 ›L 43‹
wie LZ 91

Führung: Kapitänleutnant Kraushaar
Standort: Ahlhorn
6 Aufklärungen
1 Angriff mit 1850 kg Bomben

LZ 92 (L 43) über seinem Heimathafen Ahlhorn

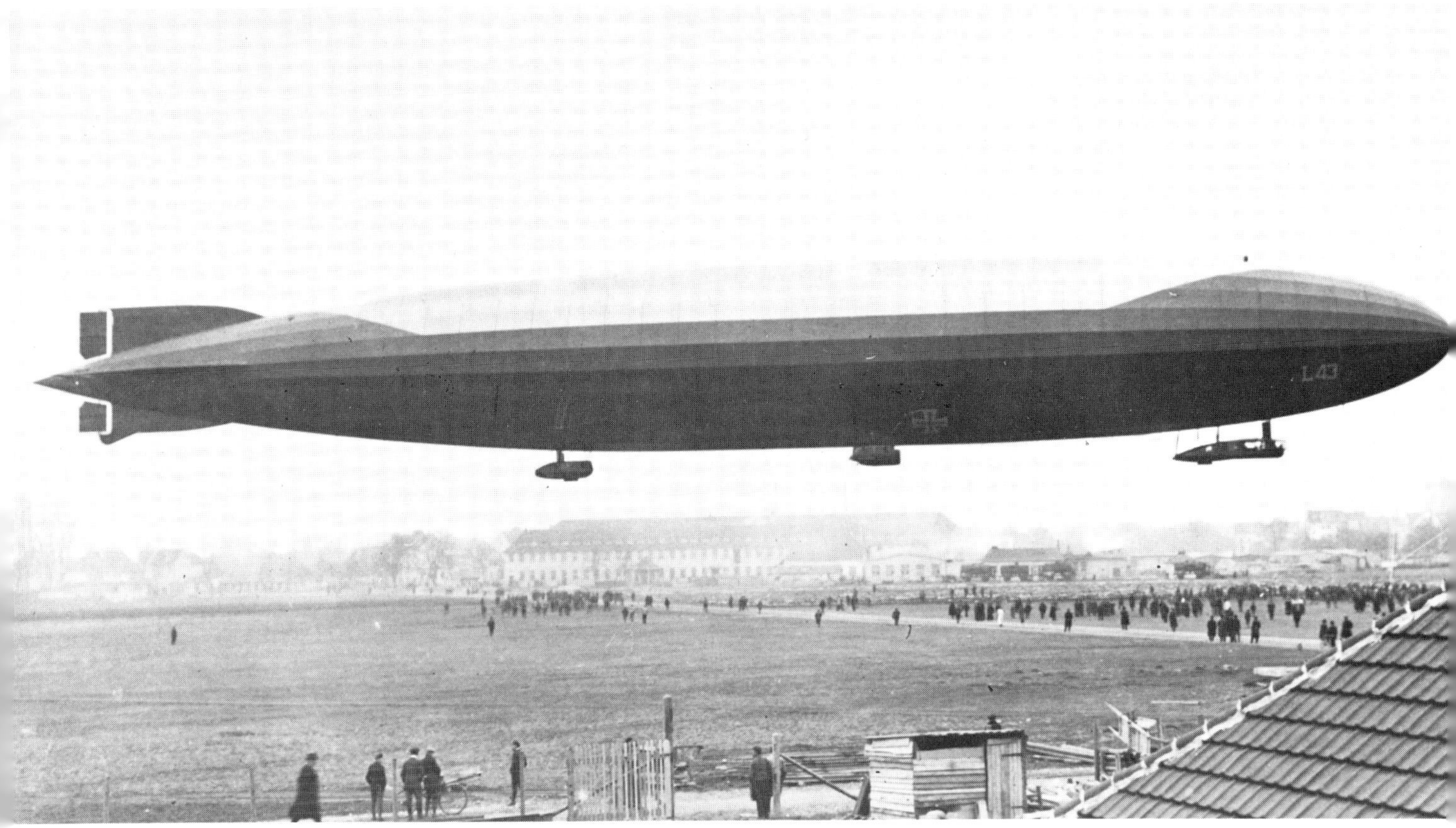

LZ 93 ›L 44‹ – 1. Fahrt am 1. April 1917

Bei seiner ersten Angriffsfahrt am 23./24. 5. 1917 auf Harwich fielen in 5700 Meter Höhe sämtliche Motoren wegen Sauerstoffmangels aus. LZ 93 trieb eine Dreiviertelstunde wie ein Ballon dahin und fiel bis auf 3900 Meter durch. Endlich glückte eine Reparatur, und die Rückfahrt konnte angetreten werden.

Eine weitere Englandfahrt am 17. 6. 1917 wurde wegen Motordefekts nur zum Bombenabwurf auf britische Flotteneinheiten benutzt. Am 26. 7. und 5. 9. hatte LZ 93 erbitterte Gefechte mit englischen Fliegern, bis das Eingreifen des deutschen Kreuzers ›Bremse‹ deren Rückzug erzwang. Am 21. 8. und 24. 9. 1917 nahm das Schiff an Geschwaderangriffen gegen England teil.
Am 20. Oktober wurde das Luftschiff von einem starken Sturm südlich nach Frankreich abgetrieben und in 4000 Metern Höhe bei Lunéville brennend abgeschossen. Es gab keine Überlebenden.

Daten des LZ 93 ›L 44‹

Länge: 196,50 Meter
Durchmesser: 23,90 Meter
Volumen: 55 800 m³
Nutzlast: 37,8 Tonnen
Motoren: fünf Maybach-Motoren von je 240 PS
Geschwindigkeit: 28,9 m/sek
Führung: Kapitänleutnant Stabbert
Standorte: Ahlhorn, ab 8. 5. 1917 Nordholz, ab 24. 5. 1917 Ahlhorn
8 Aufklärungen
4 Angriffe mit 6290 kg Bomben

LZ 94 ›L 46‹ – 1. Fahrt am 24. April 1917

Westeinsatz über Nordsee und England. Am 14. 6. und am 26. 7. 1917 wurde LZ 94 in 3000 Metern Höhe von einem britischen Flugzeug angegriffen. Es gelang unter starkem Maschinengewehrbeschuß den Feind zu überhöhen und in 5600 Metern ungeschoren davonzufahren.

Bei seiner ersten Angriffsfahrt am 21./22. 8. 1917 auf die englische Ostküste geriet die Besatzung des LZ 94 in größte Gefahr, da die nur unvollkommen mit Sauerstoffgeräten ausgerüstete Mannschaft unter Bewußtseinsstörungen litt. Der Kommandant war ausgefallen. Es gelang dem 1. Offizier, das Schiff unbeschädigt

LZ 95 (L 48) setzt zur Landung an

nach Hause zu bringen. Erst im Heimathafen kam der Kommandant wieder zu sich und machte in Unkenntnis der Sachlage bittere Vorwürfe. Er konnte sich nicht mehr erinnern, daß der Angriff bereits stattgefunden hatte.

Am 5. Januar 1918 ging LZ 94 mit L 47, L 51, L 58 und SL 20 in Ahlhorn bei einer schweren Explosion verloren.

Daten des LZ 94 ›L 46‹
wie LZ 93

Führung: Kapitänleutnant Hollender
Standort: Ahlhorn
19 Aufklärungen
3 Angriffe mit 5700 kg Bomben

LZ 95 ›L 48‹ – 1. Fahrt am 22. Mai 1917

Bereits nach dem ersten Angriff in der Nacht vom 16./17. 6. 1917 wurde LZ 95 über der See in der Nähe von Yarmouth von einem gegnerischen Flugzeug brennend abgeschossen. Vierzehn Tote waren zu beklagen; zwei Mann der Besatzung wurden gerettet.

Daten des LZ 95 ›L 48‹
wie LZ 94

Nutzlast: 39,0 Tonnen
Geschwindigkeit: 29,9 m/sek
Führung: Kapitänleutnant d. R. Eichler
Standort: Nordholz
1 Aufklärung
1 Angriff (abgeworfene Bombenlast unbekannt)

LZ 96 ›L 49‹ – 1. Fahrt am 13. Juni 1917

Nach dem Geschwaderunternehmen vom 19./20. Oktober 1917 auf die Industrieanlagen Londons geriet LZ 96 bei der Rückkehr über das französische Kampfgebiet, wurde heftig beschossen und durch Treibstoffmangel und attackierende feindliche Flugzeuge zur Notlandung bei Bourbonne les Bains gezwungen. Die Besatzung geriet in Gefangenschaft. Das Luftschiff fiel dem Feind fast unbeschädigt in die Hände. Durch Vermessungen konnten von dem nur leicht beschädigten Schiff Pläne erstellt werden, nach denen später in den USA die ›Shenandoah‹ gebaut wurde.

Daten des LZ 96 ›L 49‹
wie LZ 95

Führung: Kapitänleutnant Gayer
Standorte: Ahlhorn, ab 16. 6. 1917 Wildeshausen, ab 12. 7. 1917 Wittmundhaven
2 Aufklärungen
1 Angriff mit 2100 kg Bomben

Oben: LZ 95 mit Tarnanstrich auf dem Rücken. Unten: Das Wrack des abgeschossenen LZ 95 bei Yarmouth ▶

L48

LZ 97 ›L 51‹ – 1. Fahrt am 6. Juni 1917

Seinen Angriff auf England am 21./22. 8. 1917 mußte LZ 97 aufgeben, da sein Kompaß ausgefallen und die Funkpeilung nicht mehr intakt war. Am 24. 9. 1917 wurde das Schiff an der englischen Küste beschossen und warf auf gut Glück 280 kg Bomben ab. Am 5. 1. 1918 verbrannte LZ 97 bei der Ahlhorner Explosion.

Da die Katastrophe bei diesem Schiff ausbrach, seien die Tatsachen kurz gestreift: In der Halle I in Ahlhorn lagen nebeneinander LZ 47 und LZ 97 (L 51). In der Achtergondel des LZ 97 befanden sich zwei Matrosen zu Reinigungsarbeiten. Zwei Schiffsposten waren auch in der Halle. Gegen 16.00 Uhr sollten die Arbeiten beendet werden. Plötzlich war ein lauter Knall zu vernehmen; die beiden Matrosen sahen Feuer in der achteren Gondel. Da sich die Flammen schnell ausbreiteten, flohen beide ins Freie. Im Nu brannten die beiden Schiffe, und der Brand erfaßte die Nachbarhalle II, in der L 58 lag.

Einige heftige Explosionen waren zu hören. Das Feuer griff auch auf die 800 Meter entfernten Hallen III und IV mit den Schiffen L 46 und SL 20 über. Es gab 15 Tote und 134 Verletzte.

Trotz fieberhafter Suche nach den Ursachen der Explosionen blieben die Ermittlungen ergebnislos. Es wird angenommen, daß sich irgendein Gegenstand vom Hallendach gelöst hatte, durch das Luftschiff LZ 97 ‹L 51‹ gestürzt war und auslaufendes Benzin zur Entzündung gebracht hatte. Auch Sabotage ist nicht auszuschließen.

Daten des LZ 97 ›L 51‹

wie LZ 96

Führung: Kapitänleutnant Dose
Standorte: Nordholz, ab 12. 12. 1917 Ahlhorn

3 Aufklärungen
1 Angriff mit 280 kg Bomben

LZ 98 ›L 52‹ – 1. Fahrt am 14. Juli 1917

Am 24. 9. 1917 mußte LZ 98 seinen Angriff auf England wegen Ausfalls eines Motors und der F. T.-Anlage aufgeben. Durch einen unerwarteten Sturm nach Süden versetzt, fand sich LZ 98 plötzlich über London wieder, wo er seine gesamte Bombenlast ablud. Beim Rückmarsch wurde das Schiff durch widrige Winde in Richtung Verdun abgetrieben und erreichte mit den letzten Treibstoffreserven Ahlhorn. Um LZ 98 nach Kriegsende nicht an die Gegner ausliefern zu müssen, wurde er am 23. Juni 1919 in Wittmundhaven zerstört.

Daten des LZ 98 ›L 52‹

wie LZ 97

(Die Motoren wurden im Winter 1917/18 ausgewechselt)
Motoren: fünf Maybach-Motoren von je 260 PS
Geschwindigkeit: 31,8 m/sek

Führung: Oberleutnant z. S. Friemel
Standorte: Wittmundhaven, ab 24. 9. 1917 Nordholz, ab 22. 10. 1917 Wittmundhaven
20 Aufklärungen
1 Angriff mit 2020 kg Bomben

Freiherr Treusch von Buttlar–Brandenfels

Führergondel des LZ 99 (L 54) mit dem Pour le mérite

LZ 99 ›L 54‹ – 1. Fahrt am 13. August 1917

Das Schiff stand im Westeinsatz über der Nordsee und England. Neben vielen Aufklärungsfahrten sind nur zwei Angriffe zu verzeichnen. Am 13. 3. 1918 nahm das Schiff an einem Geschwaderangriff auf die Batterien von Spurn Head und Grimsby teil. Es geriet hierbei in schweres Geschützfeuer. Zelle IX mittschiffs lief aus. Wahrscheinlich war die Zellenverletzung durch Eisbrocken entstanden, die einer der Propeller in die Hülle geschleudert hatte. Durch Kohlegasbildung wurden auf der Rückfahrt zwei Besatzungsmitglieder ohnmächtig. Nur mit größter Mühe und unter Abgabe von Treibstoff als Ballast konnte der Heimathafen erreicht werden.

Kapitänleutnant v. Buttlar erhielt nach dieser Fahrt als einziger Luftschiffkommandant den Pour le mérite.

Zusammen mit L 60 wurde LZ 99 am 19. 7. 1918 durch Bombenangriff in Tondern zerstört. Die angreifenden Flugzeuge stammten vom ersten Flugzeugträger der Welt, ›Furious‹. Es waren Sopwith-Camel Rad-Jagdeinsitzer mit je 50 kg Bomben an Bord. Von den sieben eingesetzten Flugzeugen kehrten nur zwei zur ›Furious‹ zurück.

Brennend abgeschossen

Daten des LZ 99 ›L 54‹
wie LZ 98 einschließlich Motorentausch

Führung: Kapitänleutnant Bockholt, ab 16. 9. 1917 Kapitänleutnant v. Buttlar

Standorte: Wittmundhaven,
ab 5. 9. 1917 Tondern
14 Aufklärungen
2 Angriffe mit 5840 kg Bomben

LZ 99 (L 54) durch Bombenwurf in Tondern zerstört

LZ 100 ›L 53‹ – 1. Fahrt am 8. August 1917

LZ 100 stand im Westeinsatz über England und der Nordsee. Er griff am 10. 9. 1917 östlich Tynemouth einen englischen Dampfer an, erzielte aber keinen Treffer. Am 24. 9. wurde Boston angegriffen. Am 13. 3. 1918 gelang ihm ein Abwurf von 3000 kg auf Hull. Wie beim LZ 99 (L 54) wurden auch beim LZ 100 einige Mannschaftsmitglieder durch Kohlengas ohnmächtig. Zwei davon starben. Am 5. 8. 1918 griff das Luftschiff noch einmal mit 3000 kg Mittelengland an. Am 11. 8. 1918 wurde es von einem englischen Flugzeug bei Terschelling abgeschossen. Keine Überlebenden.

Daten des LZ 100 ›L 53‹

Länge: 196,50 Meter
Durchmesser: 23,90 Meter
Volumen: 56 000 m³
Nutzlast: 40,0 Tonnen
Motoren: fünf Maybach-Motoren von je 240 PS, später 260 PS
Geschwindigkeit: 29,9 m/sek, nach Motorentausch 31,8 m/sek
Führung: Kapitänleutnant d. R. Proelss
Standort: Nordholz
19 Aufklärungen
4 Angriffe mit 11 930 kg Bomben

LZ 100 (L 53) vor der Halle

LZ 100 (L 53) beim Start

LZ 101 ›L 55‹ – 1. Fahrt am 1. September 1917

Seinen ersten Angriff machte das Schiff am 24. 9. 1917 auf die Batterien von Skinningrove (2450 kg). Bei dem Geschwaderangriff vom 19./20. 10. 1917 erhielt es schwere Schußleckagen und wurde hinter die Westfront abgetrieben. Um diese zu überwinden, stieg es auf 7600 m (Weltrekordhöhe eines Zeppelins). Bei Tiefenort in Thüringen mußte es schließlich notlanden und wurde abgewrackt.

Daten des LZ 101 ›L 55‹

wie LZ 100 vor Motorentausch

Führung: Kapitänleutnant Flemming
Standorte: Nordholz, ab 6. 10. 1917 Ahlhorn
2 Angriffe mit 5450 kg Bomben

LZ 101 (L 55) bei einer Landung

LZ 102 ›L 57‹ – 1. Fahrt am 26. September 1917

LZ 102 war die erste für ein Afrika-Unternehmen vorgesehene Einheit. Nach einer Probefahrt am 7. 10. 1917 konnte das Schiff wegen starken Querwindes nicht in die Halle in Jüterbog einfahren. Es wurde in den Böen beschädigt und abgewrackt.

Daten des LZ 102 ›L 57‹

Länge: 226,50 Meter
Durchmesser: 23,90 Meter
Volumen: 68 500 m³
Nutzlast: 52,1 Tonnen
Motoren: fünf Maybach-Motoren von je 240 PS
Geschwindigkeit: 28,6 m/sek
Führung: Kapitänleutnant Bockholt
Standort: Jüterbog

LZ 103 ›L 56‹ – 1. Fahrt am 24. September 1917

Am 10. 5. 1918 wurde das Schiff nordwestlich Terschelling von einem britischen Felixtowe-2a-Flugboot angegriffen. LZ 103 stieg unter Abwurf von Ballast und Bomben auf 6600 m und entkam damit dem Gegner. Am 5. 8. 1918 nahm das Luftschiff an einem Geschwaderangriff gegen England teil.
Um es nicht den ehemaligen Kriegsgegnern in die Hände fallen zu lassen, wurde es am 23. Juni 1919 in Wittmundhaven zerstört.

Daten des LZ 103 ›L 56‹
wie LZ 100

Führung: Hauptmann Stelling,
ab 1. 4. 1918 Kapitänleutnant Zaeschmar
Standorte: Wittmundhaven,
ab 24. 8. 1918 Nordholz,
ab 5. 9. 1918 Wittmundhaven

17 Aufklärungen
1 Angriff mit 2600 kg Bomben

LZ 104 ›L 59‹ – 1. Fahrt am 10. Oktober 1917

Nach vier Probefahrten wurde LZ 104 von Jüterbog nach Jamboli verlegt. Das Oberkommando der Marine hatte sich entschlossen, General von Lettow-Vorbeck und seinen Truppen in Deutsch-Ostafrika Hilfe zukommen zu lassen. Drei Jahre lang hatte er ohne Nachschub den Briten standgehalten.
Die Entfernung von Jamboli nach Mahenge in Tanganjika beträgt etwa 5800 km. Man hatte eine Fahrzeit von 4–5 Tagen errechnet. Da eine schwere Ladung von Nachschubgütern für die Truppen befördert werden sollte, gab man LZ 104 ein Volumen von 68 500 m³ mit einem Tragevermögen von 52,1 Tonnen. Inzwischen hatte man General von Lettow-Vorbeck über Funk informiert, daß das Luftschiff Ende Oktober kommen würde. Ein erster Startversuch mußte wegen schlechter Wetterverhältnisse aufgegeben werden. Am 16. November startete das Schiff zum zweitenmal. Da aber die Afrikafahrt bis dahin streng geheimgehalten worden war, nahm eine türkische Mannschaft an der Küste Kleinasiens das unbekannte Schiff unter Feuer. Kapitänleutnant Bockholt war gezwungen, wegen starken Gasverlustes nach Jamboli zurückzukehren. Am 21. November startete man erneut und erreichte am nächsten Morgen Matruh und die Küste Afrikas. Wegen der Hitze ließen die Gaszellen Wasserstoff ab. Gegen 15.00 Uhr überfuhr man

die Oase Dakhla. Etwa eine Stunde später setzte der vordere Motor aus, an dem auch der Dynamo für Funktelegraphie angeschlossen war. Somit war das Schiff von der Außenwelt abgeschnitten. Als man das Getriebe des Motors wieder instandgesetzt hatte, erhielt man gegen 2.00 Uhr nachts in der Höhe von Khartum im Sudan, also nach mehr als der Hälfte des Weges, den folgenden Funkspruch der Radiostation Nauen bei Berlin:

»Letzter Stützpunkt Lettow-Vorbeck, Rewala, verlorengegangen. Ganzes Makonde-Land im Besitz der Engländer. Teile Lettows gefangen, Rest nördlich abgedrängt. Sofort umkehren.«

LZ 104 nahm Gegenkurs und erreichte am 25. November die Ausgangsbasis Jamboli. Das Schiff hatte einen neuen Streckenrekord von 6757 Kilometern in 95 Stunden aufgestellt.

Anfang 1918 wurde LZ 104 im Mittleren Osten und über Italien eingesetzt. Am 10. März griff das Schiff Neapel an, wobei 6350 kg Bomben auf die Flottenbasis und auf industrielle Anlagen abgeworfen wurden. Am 20. März mußte ein Angriff auf Port Said abgebrochen werden, da starker Gegenwind dem Schiff schwer zu schaffen machte. Während einer Angriffsfahrt gegen Malta am 7. April 1918 explodierte das Luftschiff über der Straße von Otranto. Das deutsche Unterseeboot ›U 53‹ war Zeuge des ungeklärten Absturzes, bei dem es keine Überlebenden gab.

Daten des LZ 104 ›L 59‹

wie LZ 102

Führung: Kapitänleutnant Bockholt
2 Angriffe mit 6400 kg Bomben

LZ 104 (L 59), das Afrikaluftschiff

LZ 105 ›L 58‹ – 1. Fahrt am 29. Oktober 1917

Das Luftschiff verbrannte bereits am 5. Januar 1918 bei der Explosion in Ahlhorn.

Daten des LZ 105 ›L 58‹
wie LZ 103 nach Motorentausch

Führung: Korvettenkapitän Schütze
Standort: Ahlhorn
2 Aufklärungen

LZ 105 (L 58) ging bei der Ahlhorner Katastrophe verloren

LZ 106 ›L 61‹ – 1. Fahrt am 12. Dezember 1917

LZ 106 hatte 1918 an zwei Geschwaderfahrten gegen die Hochofenanlagen von Wigan in der Nähe Liverpools teilgenommen.

Am 28. 8. 1920 wurde LZ 106 im Rahmen der Reparationsleistungen an Italien ausgeliefert.

Daten des LZ 106 ›L 61‹
wie LZ 105

Führung: Kapitänleutnant Ehrlich,
ab 21. 5. 1918 Kapitänleutnant Bocdecker,
ab 29. 10. 1918 Oberleutnant z. S. v. Schiller,
Probefahrten: Oberleutnant z. S. v. Schiller,
Überführung: Kapitänleutnant a. D. Flemming
9 Aufklärungen
2 Angriffe mit 4500 kg Bomben

LZ 107 (L 62) verunglückte bei Helgoland

LZ 107 ›L 62‹ – 1. Fahrt am 19. Januar 1918

Am 13. 3. und 14. 3. war LZ 107 an Angriffsfahrten gegen Leeds und Nottingham beteiligt.
Am 10. 5. 1918 stürzte das Luftschiff nördlich Helgoland ohne Feindeinwirkung ab. Die Ursache dieses Unfalls blieb ungeklärt.

Daten des LZ 107 ›L 62‹
wie LZ 106

Führung: Hauptmann Manger
Standorte: Nordholz
2 Aufklärungen
2 Angriffe mit 5923 kg Bomben

LZ 108 ›L 60‹ – 1. Fahrt am 18. Dezember 1917

Wegen Motorstörungen auf mehreren Probefahrten wurde LZ 108 erst am 1. April 1918 von der Marine übernommen. Am 13. 4. 1918 nahm er an dem Geschwaderangriff auf Hull und Grimsby teil.
Durch Bombenwurf britischer Flugzeuge des Flugzeugträgers ›Furious‹ wurde er am 19. 7. 1918 in seiner Halle in Tondern zerstört.

Daten des LZ 108 ›L 60‹
wie LZ 107

Führung: Kapitänleutnant Flemming
Standort: Tondern
11 Aufklärungen
1 Angriff mit 3120 kg Bomben

LZ 109 ›L 64‹ – 1. Fahrt am 11. März 1918

Das Schiff befand sich im Westeinsatz über der Nordsee und England. Am 21. Juni 1920 wurde es nach einer Probefahrt an England ausgeliefert, wo es abgerüstet wurde.

Daten des LZ 109 ›L 64‹
wie LZ 108

Führung: Korvettenkapitän Schütze,
ab 25. 8. 1918 Oberleutnant z. S. Frey,
Probefahrt: Oberleutnant z. S. v. Schiller,
Überführung: Kapitän A. Heinen
13 Aufklärungen
1 Angriff mit 2800 kg Bomben

LZ 110 ›L 63‹ – 1. Fahrt am 4. März 1918

LZ 110 meldete am 13. 3. 1918 erfolgreiche Angriffe auf Leeds, Bradford und Halifax (3000 kg) und am 13. 4. 1918 einen Angriff auf Grimsby mit 3115 kg Bomben. Beim letzten Angriff deutscher Luftschiffe auf England, am 5./6. August 1918, warf LZ 110 2800 kg Munition auf feuernde Batterien in Norfolk.
Durch Bruch der Aufhängevorrichtung wurde das Schiff am 23. Juni 1919 in Nordholz zerstört.

Daten des LZ 110 ›L 63‹
wie LZ 109

Führung: Kapitänleutnant v. Freudenreich,
ab 25. 8. 1918 Kapitänleutnant Ratz
Standorte: Nordholz, ab 9. 6. 1918 Ahlhorn,
ab 23. 10. 1918 Nordholz
16 Aufklärungen
3 Angriffe mit 8915 kg Bomben

Deutsche Kriegsluftschiffe wurden am Tag von Scapa Flow am 21. 6. 1919 von ihren Besatzungen durch Bruch der Aufhängevorrichtungen vernichtet

Drehhalle in Nordholz

Ein zerstörtes Luftschiff in seiner Halle

LZ 111 ›L 65‹ – 1. Fahrt am 17. April 1918

Dieses Luftschiff nahm ebenfalls an dem Geschwaderangriff vom 5./6. August 1918 teil, wurde von britischen Flugzeugen angegriffen und erhielt 340 Einschußlöcher in die achteren Gaszellen. Am 23. Juni 1919 erfolgte in Nordholz die Zerstörung des Schiffes durch Bruch der Aufhängevorrichtung.

Daten des LZ 111 ›L 65‹

wie LZ 110

Führung: Kapitänleutnant Dose,
ab 15. 8. 1918 Oberleutnant z. S. Vermehren
Standort: Nordholz
10 Aufklärungen
1 Angriff mit 1700 kg Bomben

LZ 112 ›L 70‹ – 1. Fahrt am 1. Juli 1918

Der Krieg war in seine Endphase eingetreten. Der letzte Angriff deutscher Luftschiffe gegen England fand in der Nacht vom 5./6. 8. 1918 statt. An diesem Geschwaderangriff nahmen außer LZ 112 ›L 70‹ die Luftschiffe L 53, L 56, L 63 und L 65 teil. An Bord des LZ 112 ›L 70‹ befand sich Korvettenkapitän Strasser, der Chef der Marineluftschiffabteilung, der den Geschwaderangriff leitete.
Die Führung des Schiffes hatte Kapitänleutnant v. Lossnitzer. Als er sich in 5200 Meter Höhe über dem Meer bei Cromer in Norfolk befand, wurde er von einem britischen Flugzeug des neuen Typs DH 4 angegriffen. Das Luftschiff fing Feuer und stürzte brennend ins Meer. Es gab keine Überlebenden. Die anderen Einheiten, die den brennenden ›L 70‹ beobachtet hatten, warfen ihre Bomben ab und kehrten um.

KK Peter Strasser, Kommandeur der Marineluftschiffabteilung

Daten des LZ 112 ›L 70‹

Länge: 211,50 Meter
Durchmesser: 23,90 Meter
Volumen: 62 600 m³
Nutzlast: 44,5 Tonnen
Motoren: sieben Maybach-Motoren
von je 260 PS

Geschwindigkeit: 36,5 m/sek
Führung: Kapitänleutnant v. Lossnitzer

Standort: Nordholz

1 Aufklärung

LZ 112 (L 70) wird startklar gemacht

LZ 113 ›L 71‹ – 1. Fahrt am 29. Juli 1918

LZ 113 machte keine Kriegsfahrten mehr. Er wurde am 3. 10. 1918 in Friedrichshafen umgebaut.
Am 28. 10. 1918 wurde das Schiff nach Ahlhorn überführt. Nach einigen Probefahrten wurde es am 30. 6./1. 7. 1920 nach Pulham in England abgeliefert, wo man es abrüstete.

Daten des LZ 113 ›L 71‹

wie LZ 112

nach Umbau:
Länge: 216,50 Meter
Durchmesser: 23,90 Meter
Volumen: 68 500 m³
Nutzlast: 51,5 Tonnen
Motoren: sechs Maybach-Motoren von je 260 PS
Geschwindigkeit: 36,4 m/sek
Führung: Kapitänleutnant Martin Dietrich
Probefahrten: Oberleutnant v. Schiller
Überführung: Kapitän A. Heinen

▲ LZ 113 (L 71) klar zur Ablieferungsfahrt

LZ 113 über dem Ahlhorner Flughafen ▼

LZ 114 ›L 72‹ – 1. Fahrt am 9. Februar 1920

LZ 114 war für die Marine vorgesehen, wurde aber wegen des Kriegsendes nicht mehr abgenommen und blieb also zunächst Eigentum der Zeppelin-Gesellschaft.
Nach einer Probefahrt am 10./11. 7. 1920 mußte das Schiff an Frankreich abgeliefert werden und erhielt dort den Namen ›Dixmude‹.

Daten des LZ 114 ›L 72‹
wie LZ 113

Führung: Probefahrt Dr. Eckener
Überführung: Kapitän A. Heinen

LZ 115 bis 119 kamen nicht zur Ausführung

Der englische Fischdampfer ›King Stephen‹ verweigert der Besatzung des schiffbrüchigen LZ 54 (L 19) jede Hilfe. Sie ertrank.

Schütte-Lanz-Luftschiffe

Heer

Im Jahr 1909 begann man in der Maschinenfabrik Lanz in Rheinau (Baden) mit dem Bau eines Starrluftschiffes. Professor Schütte (1873–1940) hatte die Pläne ausgearbeitet und sich mit Karl Lanz (1873–1921) zusammengetan. Sie begannen, ein Luftschiff mit einem Holzgerüst zu bauen. Allerdings ging man im Lauf der Jahre zur Konstruktion mit Aluminiumgerippe über. Etwa ein Dutzend dieser Einheiten kam während des Ersten Weltkrieges zum Einsatz. In technischer Hinsicht waren die Schütte-Lanz-Luftschiffe gut, aber es gab einige gravierende Mängel. Durch ihre Holzkonstruktion waren diese Schiffe anfälliger, weil sich beim feuchten Klima der Nordsee die Leimverbindungen der Sperrholzkonstruktionen lösten. Oft lagen die Schiffe wochenlang wegen schwieriger Reparaturen in den Hallen. Zudem waren sie wegen ihres höheren Eigengewichts weniger leistungsfähig. SL 2 machte Aufklärungsfahrten für das österreichische A.O.K. (das entsprach der Obersten Deutschen Heeresleitung) im Raum Ostrowich-Krasnik-Turolin. Eine besonders erfolgreiche Aufklärungsfahrt machte es am 2. 9. 1914 bei Lodz-Petrikau. Danach verlegte man SL 2 an die Westfront. Ein Versuch, Mitte Oktober Paris anzugreifen, scheiterte an dichtem Nebel. Am 26. 12. 1914 bewarf das Schiff Nancy mit 840 kg Bomben und am 20. 3. 1915 Compiègne mit 900 kg Bomben. Am 24. 4. 1915 griff es mit 800 kg Munition wiederum Nancy an.
Die letzte Frontfahrt des SL 2 am 7. 9. 1915 richtete sich gegen London, wo 1014 kg Bomben fielen. Während der Rückfahrt fiel das Schiff kurz vor der Landung heftig durch, schlug etwa in der Mitte auf ein Haus auf, dessen Dachfirst sich in das Gerippe bohrte. Am 17. 10. 1915 war das Luftschiff wieder einsatzbereit.

Es strandete am 10. 1. 1916 bei Luckenwalde.

Daten des SL 2

Volumen: 24 970 m³
Maschinenleistung: 720 PS
Geschwindigkeit: 24,2 m/sek
Führung: Hauptmann von Wobeser
2 Aufklärungsfahrten
4 Angriffe mit 3554 kg Bomben

Die Schütte–Lanz–Luftschiffe waren durch ihre Holzkonstruktion oft zu Reparaturen in den Werften

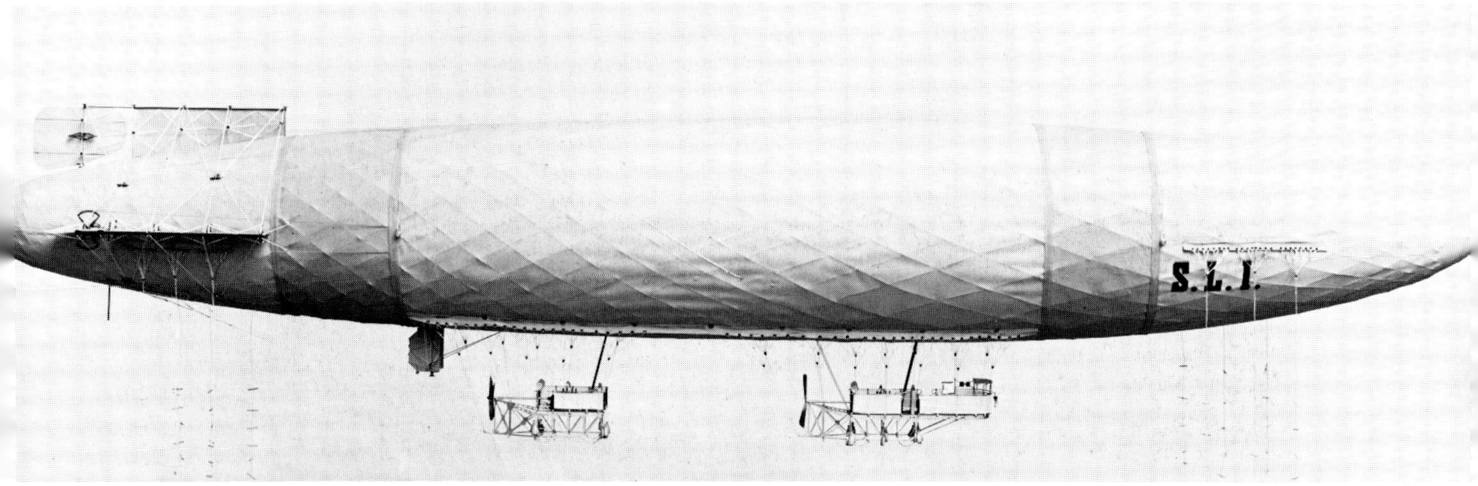

SL 5

SL 5 war Ende Juni 1915 fertiggestellt, wurde aber im Gewittersturm in der Nähe von Gießen abgetrieben und strandete.

> ### Daten des SL 5
> *Volumen:* 32 400 m³
> *Maschinenleistung:* 840 PS
> *Führung:* unbekannt

SL 7

Nach Fertigstellung fiel SL 7 für einige Zeit aus, da sich Gerippebrüche einstellten. Ein erster Angriff am 21. 2. 1916 mit 1590 kg Bomben auf La Neufville war ein guter Erfolg. Im April 1916 kam SL 7 an die Ostfront und griff am 27. und 29. 4. 1916 Dünamünde und Wenden mit 1368 kg Bomben an. Während der Monate August/September 1916 wurden drei Aufklärungsfahrten über der Ostsee ausgeführt.

> ### Daten des SL 7
> *Volumen:* 35 000 m³
> *Maschinenleistung:* 840 PS
> *Führung:* Hauptmann Pochhammer
> 3 Aufklärungsfahrten
> 3 Angriffe mit 2958 kg Bomben

SL 10

Ende Juni 1916 traf SL 10 in Jamboli (Bulgarien) ein und machte zwei Kriegsfahrten. Die erste war eine Aufklärungsfahrt nach Zonguldak an der Südküste des Schwarzen Meeres. Von einem geplanten Angriff auf Sewastopol am 27. 7. 1916 kehrte das Luftschiff nicht zurück. Über seinen Verbleib ist nichts Genaues bekannt. Man vermutet, daß SL 10 einem Unwetter zum Opfer fiel, da es sein Angriffsziel nicht erreichte. Es gab keine Überlebenden.

> ### Daten des SL 10
> *Volumen:* 38 800 m³
> *Maschinenleistung:* 960 PS
> *Führung:* Hauptmann Wobeser
> 2 Fahrten

SL 11

Nachdem SL 11 im August 1916 fertiggestellt war, machte es in der Zeit vom 24. bis 31. 8. zwei Fahrten gegen England, die jedoch abgebrochen werden mußten. Am 2. 9. 1916 griff es London an. Danach wurde es von einem britischen Flugzeug abgeschossen.

> ### Daten des SL 11
> *Volumen:* 38 800 m³
> *Maschinenleistung:* 960 PS
> *Führung:* Hauptmann Schramm
> 3 Fahrten

SL 13

SL 13 war für den Kriegseinsatz nicht geeignet. Es verbrannte am 8. Februar 1917 in seiner Halle in Leipzig.

SL 15, SL 16 (R 9), SL 17 (E 10)

Keine Einsätze; diese Luftschiffe wurden am 20. 7. 1917 abgerüstet.

SL 18

Kein Einsatz. Nicht fertiggestellt. Das Gerippe verbrannte in der Halle in Leipzig.

SL 21

Kein Einsatz. Am 10. 10. 1917 abgerüstet.

Marine

SL 3

SL 3 wurde in erster Linie zu Aufklärungszwecken benutzt. Ein Angriff auf die Humbermündung am 5. 6. 1915 brachte keinen großen Erfolg.
An der Abwehr eines englischen Angriffs mit Trägerflugzeugen am 4. 7. 1915 war SL 3 erfolgreich beteiligt. Am 7. 8. 1915 übernahm es die Sicherung des auslaufenden Hilfskreuzers ›Meteor‹. Nach der Landung wurde SL 3 schwer beschädigt und fiel bis zum 24. 8. 1915 aus. Am 24. 9. hatte es ein hartes Gefecht mit einem britischen Unterseeboot.
Am 5. 2. 1916 wurde SL 3 zur Ostsee verlegt. Am 1. 5. 1916 mußte das Schiff wegen Ruderversagens auf dem Dargainensee in Ostpreußen notlanden und ging dabei zu Bruch.

Daten des SL 3

Volumen: 32 400 m³
Maschinenleistung: 840 PS
Führung: Kapitänleutnante Boemack, Wolff G., Koch, von Wachter
30 Aufklärungsfahrten
1 Angriff mit 150 kg Bomben
1 Kampf mit brit. Unterseeboot

SL 4

Mit Standort Seddin wurde SL 4 über der Ostsee eingesetzt. 1915 nahm es an den Flottenoperationen in der Rigaer Bucht teil. Am 10. 9. und am 15. 10. 1915 griff es Baltischport und Zerel auf der Insel Ösel an. Am 11. Dezember 1915 wurde SL 4 durch Sturm in seiner Halle vernichtet.

Daten des SL 4

Volumen: 32 400 m³
Maschinenleistung: 840 PS
Führung: Kapitänleutnant d. R. Wolff, R.
21 Aufklärungsfahrten
2 Angriffe mit 600 kg Bomben

SL 6

Vom 10. 10. bis 18. 11. 1915, also nur etwa sechs Wochen, war SL 6 im Dienst, als es in Seddin kurz nach dem Start in der Luft explodierte. Es gab keine Überlebenden.

> Daten des SL 6
>
> *Volumen:* 35 000 m³
> *Maschinenleistung:* 840 PS
> *Führung:* Kapitänleutnant Boemack
> 6 Aufklärungsfahrten

SL 8

Von Januar 1916 bis zum 18. Dezember 1917 war SL 8 über Nord- und Ostsee eingesetzt.
Am 30. 4./1. 5. 1916 griff das Schiff Werder, Moon und Pernau mit 2600 kg Bomben an.
Bei dem großen Geschwaderangriff vom 2./3. 9. 1916 warf SL 8 2000 kg Bomben auf das nördliche Norfolk. Ein Angriff gegen Arensburg am 25./26. 9. blieb ohne Treffer. Noch während der Ösel-Offensive 1917 war SL 8 über der Ostsee, wurde aber bald danach als veraltet abgerüstet.

> Daten des SL 8
>
> *Volumen:* 35 000 m³
> *Maschinenleistung:* 840 PS
> *Führung:* Kapitänleutnant Wolff, G.
> 34 Aufklärungsfahrten
> 3 Angriffe mit 4600 kg Bomben

SL 9

Das Schiff nahm am Geschwaderangriff vom 24. 8. 1916 teil, hat aber wahrscheinlich seine Bomben versehentlich zu früh über der Nordsee abgeworfen. Später zur Ostsee verlegt, fuhr das Schiff drei Angriffe: am 26. 7. 1916 auf Mariehamn mit 700 kg, am 26./27. 9. 1916 auf Sworbe mit 1600 kg und am 18./19. 2. 1917 auf Arensburg mit 1930 kg Bomben. Auf der Fahrt von Seerappen nach Seddin wurde SL 9 am 30. 3. 1917 vom Blitz getroffen und verbrannte. Es gab keine Überlebenden.

> Daten des SL 9
>
> *Volumen:* 35 000 m³
> *Maschinenleistung:* 840 PS
> *Führung:* 1916 Kapitänleutnant d. R. Wolff, R.
> 1917 Kapitänleutnant Kölle,
> Kapitänleutnant Jahnke
>
> 13 Aufklärungsfahrten
> 3 Angriffe mit 4230 kg Bomben

SL 12

Am 15. 11. 1916 in Dienst gestellt, wurde das Schiff nur zu Aufklärungen eingesetzt. Nach einer solchen Fahrt am 4. 12. 1916 konnte SL 12 wegen starken Bodennebels nicht auf seinem Heimathafen Wittmundhaven niedergehen und kreuzte viele Stunden lang über der Nebeldecke. Nach 35 Stunden und 50 Minuten konnte es endlich landen.

Nach einer Angriffsfahrt am 28. 12. 1916, die es ausnahmsweise durchführen sollte, von der es aber zurückbeordert wurde, kollidierte es mit dem Gasometer seines Heimathafens und mußte außerhalb zu Boden gebracht werden. Ein plötzlich auffrischender Wind zerstörte das Schiff vollständig.

Daten des SL 12

Volumen: 38 700 m³
Maschinenleistung: 960 PS
Führung: Kapitänleutnant Kölle
9 Fahrten

SL 14

Seit dem 24. 8. 1916 an der Ostsee stationiert, sind von SL 14 zwei Angriffsfahrten bekannt: am 24. 8. 1916 und am 4. 9. 1916 auf Papensholm (1500 und 1460 kg Bomben). Am 22./23. 3. 1917 sollten Stützpunkte an der Rigaer Bucht angegriffen werden, doch wurde das Angriffsziel wegen Motordefektes nicht erreicht. Beim Einhallen am 9. Mai 1917 wurde das Schiff beschädigt und abgewrackt.

Daten des SL 14

Volumen: 38 700 m³
Maschinenleistung: 960 PS
Führung: Kapitänleutnant von Wachter
2 Aufklärungsfahrten
2 Angriffe mit 2960 kg Bomben

SL 20

Seit dem 11. 9. 1917 in Dienst, wurde SL 20 nur zu zwei Aufklärungen über der Ostsee herangezogen. Nach Ahlhorn verlegt, kam das Schiff bei der Katastrophe am 5. 1. 1918 in den Flammen um.

Daten des SL 20

Volumen: 56 000 m³
Maschinenleistung: 1300 PS
Führung: unbekannt
2 Aufklärungsfahrten

SL 22

Seit dem 12. Juni 1918 im Dienst der Marine, machte SL 22 nur noch wenige Probefahrten. Im Jahr 1920 wurde es abgewrackt und Teile der Konstruktion an die früheren Gegner ausgeliefert.

Parseval-Luftschiffe

August von Parseval (1861–1942), ein deutscher Techniker, wagte sich kurz nach der Jahrhundertwende an den Bau eines Luftschiffes, nachdem er zuvor Drachenballons und Fesselballons konstruiert hatte.
In den Jahren 1906–1914 entstanden in der Luftfahrzeug-GmbH in Bitterfeld 23 Pralluftschiffe vom Typ Parseval. Das Volumen schwankte zwischen 2300 m^3 und 31 000 m^3. Die Gondel war nicht direkt unter der Hülle, sondern tief darunter angebracht. Zwischen Hülle und Gondel rotierte auf einem Gerüst aus Stahlrohren ein Holzpropeller. Die wichtigsten Luftschiffe Parsevals:

PL 6

PL 6 flog Reklame für die Stollwerck-Schokoladenfabrik, wurde aber zu Beginn des Krieges von der Marine übernommen und machte über der Ostsee vier Aufklärungsfahrten. Am 27. 12. 1914 wurde es als veraltet außer Dienst gestellt und abgerüstet.

Daten des PL 6

Volumen: 9000 m^3
Maschinenleistung: 220 PS
Führung: Oberleutnant a. D. Meier
4 Aufklärungsfahrten

Parseval-Luftschiff mit beschädigter Gondel

Volltreffer in der Gondel

PL 19

Das Schiff machte nur einen Angriff mit 450 kg Bomben auf Libau (15. 1. 1915). Wegen Maschinenbruch mußte es notlanden, die Besatzung geriet in Gefangenschaft. Einem Mann gelang eine abenteuerliche Flucht nach Deutschland.

Daten des PL 19

Volumen: 10 300 m³
Maschinenleistung: 360 PS
Führung: Hauptmann Stelling, Oberleutnant Meier
6 Aufklärungsfahrten
1 Angriff mit 450 kg Bomben

PL 25

PL 25 war ein ausgezeichnetes Aufklärungsluftschiff. Am 25. 5. 1915 fand es in der Nordsee eine Minensperre und war am 29./30. 5. an einem Flottenunternehmen beteiligt.
PL 25 wurde im Dienst des Heeres später als Schulschiff verwendet und am 2. 8. 1917 abgewrackt.

Daten des PL 25

Volumen: 13 400 m³
Maschinenleistung: 420 PS
Führung: Hauptmann Stelling, Hauptmann Manger
40 Aufklärungen

PL 27 wurde nicht mehr in Dienst gestellt

Groß-Basenach

M IV

M IV war ein halbstarrer Lenkballon des von der Heeresverwaltung gebauten Typs Groß-Basenach. Das Schiff machte in der Zeit vom 28. 12. 1914 bis 3. 11. 1915 24 Aufklärungsfahrten über der Ostsee. Am 10. 9. 1915 griff es ein feindliches Unterseeboot an (100 kg Bomben).

> Daten des M IV
>
> *Volumen:* 19 600 m³
> *Maschinenleistung:* 480 PS
> *Führung:* Hauptmann v. Jena
> 24 Aufklärungsfahrten
> 1 Angriff mit 100 kg Bomben

Siemens-Schuckert

Auch die Siemens-Schuckert-Werke bauten ein Luftschiff. An Stelle der Holzschrauben verwendete man Stahlschrauben mit sehr schmalen Flügeln. Die Außenhülle war aus dreifachem Stoff angefertigt, der durch starke Gummi-Einlagen gasdicht gemacht worden war.

Nach rund zweijähriger Bauzeit machte dieses Schiff im Januar 1911 seine Jungfernfahrt. Es hatte ein Volumen von 13 000 m³ und war 70 km/h schnell. Graf Zeppelin nahm am 2. 2. 1912 an einer Fahrt teil. Bei einer Landung geriet dieses Luftschiff in einen Graben und stieß mit starkem Aufprall gegen eine Böschung.

Das Luftschiff M IV hinter dem kleinen Kreuzer ›Amazone‹

Der Luftschiffbau nach dem 1. Weltkrieg

Der Krieg war beendet. Am 11. 11. 1918 unterschrieb das Reich den Waffenstillstand. Auf Befehl des Admirals v. Reuter hatte sich die deutsche Hochseeflotte am 21. Juni 1919 in Scapa Flow selbst versenkt, um der Schmach zu entgehen, die Schiffe dem Gegner ausliefern zu müssen. Dieses Handeln bewog manche Luftschiffcrew, ihr Schiff zu vernichten. In den Hallen der Luftschiffbasen Wittmundhaven und Nordholz wurden zahlreiche Fahrzeuge zertrümmert, was die Alliierten sehr verärgerte, denn sie bestanden darauf, daß das gesamte Material abgeliefert werden müsse.

LZ 120 ›Bodensee‹ – 1. Fahrt am 20. August 1919

Nach dem Kriege hatte die DELAG unter größten Schwierigkeiten die kleinen Luftschiffe ›Bodensee‹ und ›Nordstern‹ fertiggestellt und den Passagierdienst begonnen.
Später verlängerte man den Rumpf der ›Bodensee‹ und brachte eine zusätzliche Gaszelle mit einem Volumen von 2500 m³ unter. Um den Reisekomfort zu erhöhen, wurde auch ein Passagierabteil 1. Klasse eingerichtet.
Auf Anordnung der Alliierten wurde das Schiff am 3. Juli 1921 unter Führung von Dr. Eckener nach Ciampino bei Rom überführt, wo es den Namen ›Esperia‹ erhielt.

Daten des LZ 120 ›Bodensee‹

Länge: 120,80 Meter
Durchmesser: 18,70 Meter
Volumen: 20 000 m³
Nutzlast: 10,0 Tonnen
Motoren: drei sechszylindrige Maybach-Motoren von je 260 PS
Geschwindigkeit: 36,8 m/sek

nach Umbau:
Länge: 130,80 Meter
Volumen: 22 500 m³
Nutzlast: 11,2 Tonnen
Geschwindigkeit: 35,4 m/sek
Führung: Dr. Eckener, E. A. Lehmann, Kapitän Flemming, Kapitän Heinen
Standorte: Friedrichshafen, Staaken
103 Fahrten mit 4050 Passagieren

LZ 121 (›Nordstern‹) – 1. Fahrt am 13. Juni 1921

Als der Bau der ›Nordstern‹ beendet war, kam aus Berlin die Weisung, das Schiff in der Halle zu belassen. Auf Anfragen der Luftschiffer stellte sich heraus, daß auch die ›Nordstern‹ an die Alliierten abgeliefert werden sollte. Man sah diese Maßnahme als Vergeltung für die von den deutschen Truppen am 23. Juni 1919 vernichteten Marineluftschiffe an.
Ursprünglich hatte man die ›Nordstern‹ für einen Liniendienst nach Stockholm vorgesehen; entsprechende Vorarbeiten waren bereits in die Wege geleitet.
Nach einer Probefahrt am 13. 6. 1921 wurde das Schiff nach Frankreich überführt, wo es den Namen ›Méditerranée‹ erhielt.

Daten des LZ 121 ›Nordstern‹

Länge: 130,00 Meter
Durchmesser: 18,70 Meter
Volumen: 22 500 m³
Nutzlast: 11,2 Tonnen

Motoren: drei Maybach-Motoren von je 260 PS
Geschwindigkeit: 36,4 m/sek

Führung: bei der Ablieferungsfahrt: Kapitän Ingwardsen

LZ 122 und LZ 123 wurden nicht gebaut

LZ 124

Wegen des Verbotes durch die Alliierten kam der Bau dieses Luftschiffes nicht zustande.

Daten des Projekts LZ 124

Länge: 235,00 Meter
Durchmesser: 29,00 Meter
Volumen: 100 000 m³

Motoren: zwölf Maybach-Motoren MB IVa von je 240 PS
Geschwindigkeit: 41,7 m/sek

LZ 125 wurde nicht gebaut

LZ 126 (›Los Angeles‹) – 1. Fahrt am 27. August 1924

Wie wir wissen, war in Deutschland die Bezeichnung ›LZ‹ (Luftschiff-Zeppelin) gebräuchlich.
In den Vereinigten Staaten von Amerika bezeichnete man Luftschiffe mit ›ZR‹ (Zeppelin rigid = starr). Damit nahm man Bezug auf das starre System.
England gab seinen Luftschiffen den Buchstaben ›R‹. Das erste Starrluftschiff der USA (ZR I) war die ›Shenandoah‹. Ein zweites Starrluftschiff wollten die USA von England beziehen. Die Probefahrten des ›R 38‹ (in Amerika als ZR II vorgesehen), verliefen nicht zufriedenstellend. Das Schiff war zu langsam. Man verstärkte die Motoren, doch dieser technischen Verbesserung hielt die Gesamtkonstruktion nicht stand und brach auseinander.
›ZR III‹ bestellte man in Deutschland. Daß das Deutsche Reich dieses Luftschiff bezahlen mußte, verstand sich von selbst. Man nahm die Unkosten aufs Reparationskonto. Das Schiff erhielt die Baunummer LZ 126. Unter Dr. Dürrs Leitung entstand eine Konstruktion von idealer Stromlinienform. Der aus Duralumin bestehende Tragkörper setzte sich aus 22 Längsträgern zusammen, die durch quer verspannte Hauptringträger und unverspannte Hilfsringträger verbunden waren. Vierzehn Gaszellen lagen zwischen

den Verspannungen der Ringträger. Die äußere Haut des Luftschiffes bestand aus präpariertem Baumwollstoff. Freitragende Flossen befanden sich am Heck. Die Führergondel war fest mit dem Schiffskörper verbunden, während fünf unstarre Motorgondeln, die an Streben aufgehängt waren, insgesamt fünf zwölfzylindrige Maybach-Motoren trugen, die je 400 PS entwikkelten. Bei 200,00 Metern Länge und einem größten Durchmesser von 27,60 Metern faßte das Schiff 70 000 cbm Gas.
Da die Überführung nach den Vereinigten Staaten für ein großes Risiko gehalten wurde, konnte man keine Versicherung für diese Fahrt interessieren. Dr. Eckener haftete kurzentschlossen mit dem gesamten Vermögen des Luftschiffbaukonzerns, und so fand die erste Probefahrt am 27. August 1924 statt.
Mittlerweile war es Oktober geworden. Man belud LZ 126 mit 30 Tonnen Benzin. Dazu kamen zwei Tonnen Öl und 1500 kg Wasserballast, Lebensmittel, Medikamente u.v.a. Mit 28 Besatzungsmitgliedern hob das Luftschiff am 11. Oktober 1924 ab. Aber dichter Nebel lag über dem Bodensee und belastete das Schiff so sehr, daß es wieder zu Boden gebracht werden mußte. Als sich LZ 126 am 12. Oktober 1924 um 7.30 Uhr erneut erhob, befanden sich außer den 28 Besatzungsmitgliedern noch vier Herren der amerikanischen Abnahmekommission an Bord.
Ohne besondere Vorkommnisse erreichte LZ 126 amerikanischen Boden. In 81 Stunden und 2 Minuten waren 8050 Kilometer bewältigt worden. Am 15. Oktober um 9.52 Uhr fiel aus der Nase des Luftschiffes das Bugseil, und unter dem Jubel von Tausenden von Menschen wurde das Schiff in die Halle von Lakehurst eingebracht. Es bekam nun den Namen ›Los Angeles‹. Dr. Eckener und seine Mannschaft wurden von Präsident Coolidge im Weißen Haus empfangen. Der Präsident nannte das Schiff einen Friedensengel, mit dem man dem deutschen Volk wieder die Hand reichen wolle. Aus der Ablieferungsaktion war eine Friedensmission geworden!
Eine amerikanische Kommission übernahm LZ 126, und eine amerikanische Besatzung wartete auf ZR I ›Shenandoah‹, die ihr Heliumgas an den ZR III ›Los Angeles‹ abgeben sollte. Helium war wegen seiner Unbrennbarkeit besonders wertvoll, und die Heliumvorkommen waren so gering, daß die ›Shenandoah‹ praktisch das gesamte Helium der Welt enthielt. Nach ihrer Ankunft wurde die ›Los Angeles‹ mit dem Helium der ›Shenandoah‹ gefüllt.
›Los Angeles‹ war ein sehr erfolgreiches Luftschiff. Man erprobte mit ihm die Verankerung an Masten von Seeschiffen und machte es zum ›Flugzeugmutterschiff‹: Ein besonders konstruierter Haken ermöglichte es einem Flugzeug, sich ›anzuhängen‹. 1931 nahm das Schiff an den amerikanischen Flottenmanövern teil. Im Jahr 1932 wurde die ›Los Angeles‹ Opfer der amerikanischen Wirtschaftskrise. Bis zu jenem Zeitpunkt hatte sie 331 Fahrten durchgeführt und 4398 Stunden in der Luft verbracht. In den nächsten Jahren lag der Luftriese unbenutzt in seiner Halle, bis sich Anfang August 1940 Werftarbeiter mit Schneidbrennern an die Abbrucharbeiten begaben.

Daten des LZ 126
(ZR III – ›Los Angeles‹)

Länge: 200,00 Meter
Durchmesser: 27,6 Meter
Volumen: 70 000 m³
Nutzlast: 46,0 Tonnen
Motoren: fünf zwölfzylindrige Maybach-Motoren von je 400 PS
Geschwindigkeit: 34,5 m/sek

LZ 127 ›Graf Zeppelin‹ – 1. Fahrt am 18. September 1928

Nicht allen ›Zeppelin‹-Freunden ist bekannt, daß nach der Ablieferung des LZ 126 für die deutsche Luftschiffahrt eine schwere Zeit folgte. Zwar hatten sich die Beziehungen zu den USA entscheidend verbessert, doch wo sollte das durch den Krieg wirtschaftlich geschwächte Deutschland wieder die Mittel zum Bau eines Luftschiffes hernehmen?
Dr. Eckener und seine Mitarbeiter saßen oft zusammen und berieten, was zu machen sei. Nach langen Überlegungen gingen sie mit Erlaubnis des Staates auf

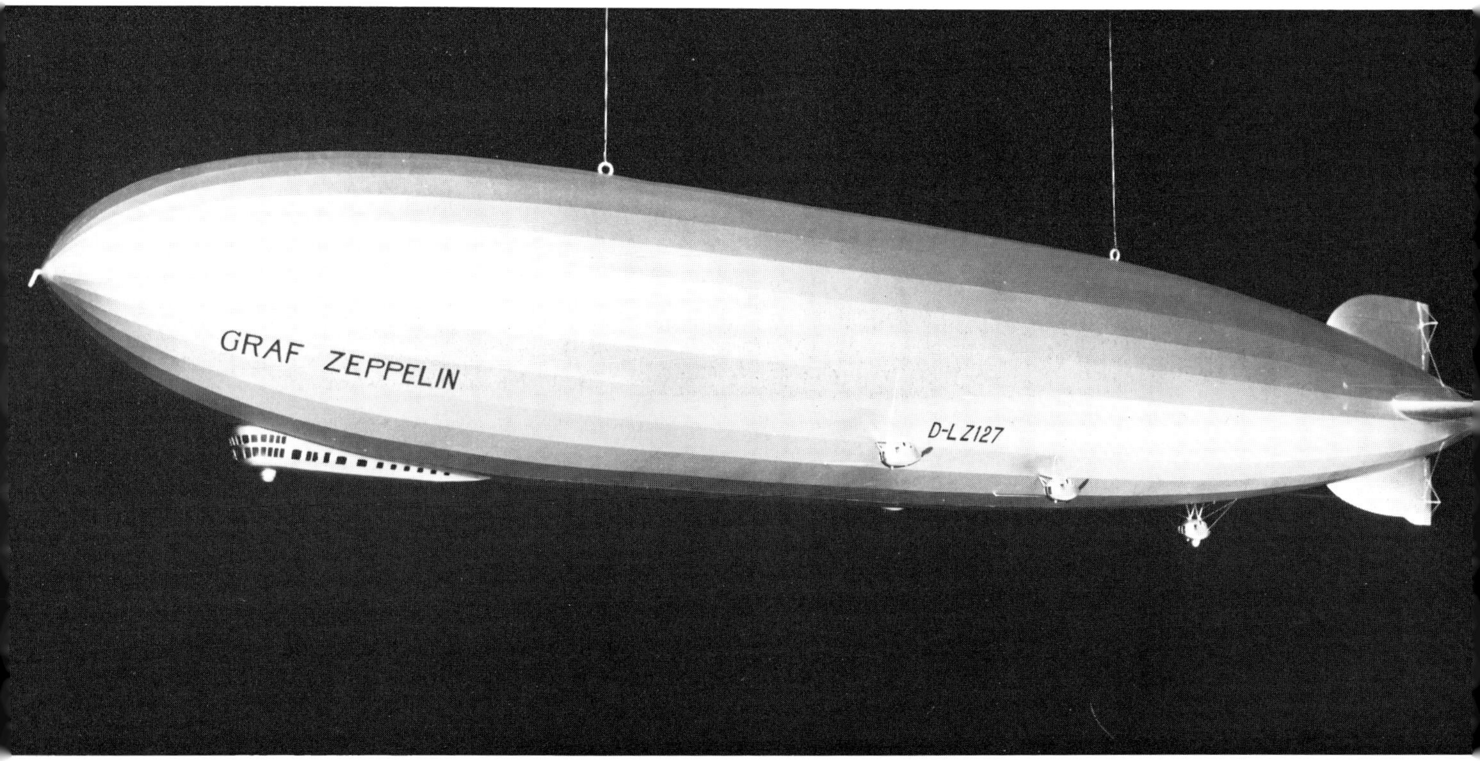

›Graf Zeppelin‹, das berühmte Luftschiff

Vortragsreisen. In Clubs und Schulen, Biergärten und Kinos zeigten sie Lichtbilder über die Fahrt des ›Z III‹ und versuchten, die Luftschiffahrt wieder populär zu machen. So kamen schließlich 2,5 Millionen Mark zusammen! Die Regierung steuerte einen Betrag von 1,5 Millionen bei, und damit war der Bau eines neuen Luftschiffes gesichert.
In den Jahren 1924–26 wurde das Schiff bei der ›Luftschiffbau GmbH‹ entworfen. Es war das 117. Luftschiff, das in den Werften der Firma gebaut wurde. Es erhielt aber die Baunummer 127, da während des Krieges von der Marine zehn Luftschiffe bestellt, aber nicht fertiggestellt wurden. Mit dem Bau begann man 1926 und vollendete ihn im September 1928. Am 8. Juli, dem 90. Geburtstag des verstorbenen Grafen Zeppelin, hatte die einzige Tochter, Hella von Brandenstein-Zeppelin, den Luftriesen auf den Namen ihres verehrten Vaters getauft. Vorgesehen war ›Graf Zeppelin‹ als ›Versuchsschiff auf weite Strecken‹, und Dr. Eckener plante mit ihm Demonstrationsfahrten, wobei zur Deckung der Unkosten auch Passagiere mitgenommen werden sollten. Wer nicht die riesigen Dimensionen dieses Schiffes in Erinnerung hat, kann sich kaum einen Begriff davon machen. Die Höhe war die eines siebenstöckigen Hauses; die Länge entsprach etwa der eines Güterzugs mit 26 Waggons. Fünf Maybach-Motoren mit je 530 PS gaben LZ 127 eine Geschwindigkeit von maximal 118 km/h. Die Dauerreisegeschwindigkeit betrug 100 km/h. Die Motoren waren eine Sonderkonstruktion; sie konnten vorwärts und rückwärts laufen. Um das Luftschiff bei der Landung abzustoppen, betätigte man den Rückwärtsgang.
Die Maybach-Motoren erbrachten nicht selten eine Dauerleistung von über 90 Betriebsstunden. Es spricht für ihre Qualität, daß ›Graf Zeppelin‹ während seines über achtjährigen Fahrbetriebes insgesamt nur neun Motoren benötigte.
LZ 127 hatte wie alle Zeppelin-Luftschiffe ein Gerippe aus Duralumin. Die einzelnen Träger waren zu

LZ 127 bei der Landung

Hauptringen und Hilfsringen zusammengefügt. Verspannungsdrähte verstärkten die Hauptringe, und die Ringecken waren durch Längsträger miteinander verbunden. Die Außenhülle aus Leinen- oder Baumwollgewebe umspannte das Gerippe. Um eine möglichst glatte Fläche zu erreichen, erhielt die Hülle mehrere Schichten eines wetterfesten Lacks, dem man pulverisiertes Aluminium zugesetzt hatte, wodurch die Oberfläche silbrig-spiegelnd wurde. Eine dunkle Außenfarbe hätte das Gas im Innern des Luftschiffes erwärmt, während die glänzende Silberfarbe die Sonnenstrahlen ablenkte.

Vom Bug zum Heck lief an der Unterkante des Gerippes der Laufgang entlang, der gewissermaßen das Rückgrat des Schiffes war. Hier lagen elektrische Leitungen, Rohrleitungen für Benzin, Wasser und Gas, Maschinentelegraphenzüge sowie die Drahtzüge für die Steuerung und für Gas- und Wasserventile. Seitlich im Innern des Schiffes waren die Behälter für Trink-, Wasch- und Schmutzwasser. Die Räume für die Besatzung lagen direkt neben dem Laufgang, während die Räume für Fracht, Post und Reserveteile über das ganze Schiff verteilt waren. Kleine Leitern führten zu den fünf Motorgondeln hinab, die von je einem Maschinisten während der Fahrt gewartet wurden. Jeder Maschinist wurde nach drei Stunden Wache abgelöst.

Führer- und Passagiergondel paßten sich harmonisch der Stromlinienform des Schiffes an. Ein starker Gummipuffer unter der Führergondel sollte Beschädigungen bei der Landung vermeiden helfen.

In der Nähe des Bugs war in einer kleinen Gondel die Elektrizitätszentrale. Hier war auch der Mutterkompaß der Kreiselkompaßanlage. Zwei 50-PS-Motoren trieben die Dynamos. LZ 127 verbrauchte eine enorme Menge Strom, nicht nur für die Funk- und Lichtanlage, für den Kreiselkompaß und die Küche, sondern auch für einen Scheinwerfer von 1 200 000 Candela. Scheinwerfer dieser Stärke wurden später allgemein erst im Zweiten Weltkrieg benutzt. Dieser

Erste Wasserlandung auf dem Bodensee

Schweizer Sportflieger begleiten das Schiff

Scheinwerfer beleuchtete bei Nacht den Boden unter dem Schiff, wodurch man feststellen konnte, wie stark die Abdrift war. Vor der Elektrizitätsanlage befanden sich die Passagierräume und der Speise- und Aufenthaltsraum. Vorn rechts im Schiff war die Küche, ihr gegenüber der Funkraum für den Empfang der Wetternachrichten.

Er diente auch den Passagieren zur Aufgabe von Post und Telegrammen. Die Reichweite der kleinen Funkstation betrug über 10 000 km. Der Navigations- und Führerraum war sozusagen das Gehirn des Zeppelins. Vorn in der Rundung der mächtigen Fenster stand der Seitensteurer, vor sich ein Nebeninstrument des Kreiselkompasses und einen Magnetkompaß. Links war das Höhensteuerrad, das vom Höhensteurer bedient wurde. Gegenüber lagen die Maschinentelegraphen – mechanische Drahtzüge, die vor einer Art Zifferblatt liefen. In jeder Motorgondel befand sich ein solches Zifferblatt. Wurde im Führerraum der Maschinentelegraph bewegt, übertrug sich diese Bewegung in die Motorengondeln. Geschwindigkeitsmesser und Umdrehungsanzeiger für die einzelnen Motoren befanden sich neben dem Maschinentelegraphen. Hinter dem Führerraum war der Navigationsraum, wo auf einem großen Kartentisch Land- und Seekarten auslagen. An den seitlichen Fenstern waren Peilscheiben zur astronomischen Ortsbestimmung eingebaut.

›Graf Zeppelin‹ passiert einen Dornier ›Superwal‹ auf dem Bodensee

›Graf Zeppelin‹ fährt in die USA

Am 11. Oktober 1928 wurde eine langgeplante Fahrt Wirklichkeit: eine Reise in die Vereinigten Staaten. Mit dieser Fahrt wollte man eine Route eröffnen, die künftig regelmäßig beflogen werden sollte. Ursprünglich war die nördliche Route vorgesehen, die aber wegen häufiger Schlechtwetterfronten nicht befahren wurde. Stattdessen nahm Dr. Eckener, der das Schiff führte, südlichen Kurs. Er fuhr die Rheinebene hinauf, überquerte den Schwarzwald und Basel und fuhr dann das Rhônetal hinab. Über Barcelona rauschten die ersten Postsäcke in die Tiefe. Gegen Morgen passierte man Gibraltar, und der offene Ozean begrüßte die Passagiere. Gegen 15.00 Uhr war man über Madeira und warf über Funchal einen weiteren Postsack ab.

Die Wetterstation auf den Azoren meldete das Heranziehen eines Unwetters, das nicht mehr umfahren werden konnte. Plötzlich einsetzende Regenschauer rüttelten LZ 127, und kräftige Böen zerrten an Höhen- und Seitenruder, so daß das Schiff 150 Meter hochgerissen wurde. Im nächsten Augenblick geriet es in den absteigenden Luftstrom und verlor gefährlich an Höhe. Mit dem Höhensteuer wurde es wieder hochgenommen, wobei eine Schräglage von über 15 Grad entstand, die aber bald wieder korrigiert werden konnte. Wenige Minuten danach erreichte Dr. Eckener die Meldung, daß an der Backbordfläche die Außenbekleidung beschädigt sei. Er gab Befehl, die Motoren langsamer laufen zu lassen und nach dem Schaden zu sehen. Eine Reparaturkolonne unter der Leitung seines Sohnes, Dipl.-Ing. Knut Eckener, begab

16. Oktober 1928. Mit Konfetti und Papierschlangen wird die Besatzung der ›Graf Zeppelin‹ in New York begrüßt.

sich auf den gefährlichen Weg und schnitt die beschädigten Teile ab. Das regenschwere Schiff verlor an Höhe. Als es bis auf hundert Meter durchgesackt war, waren die Reparaturen beendet und die Männer wieder im Schiff. Mit äußerster Kraft der Maschinen wurde das Luftschiff nun wieder angehoben, doch fuhr man für den Rest der Fahrt mit halber Maschinenkraft, damit das große Loch in der Bespannung nicht völlig aufgerissen wurde. Am Abend passierte man die Bermudas und warf über Hamilton einen Postsack ab. Wieder mußte der ›Graf‹ eine Schlechtwetterfront durchfahren. Diesmal entstand in der oberen Bespannung ein Riß, der aber nicht gefährlich war.

Am Vormittag des 15. Oktober erreichte man amerikanischen Boden. Um 12.30 Uhr wurde Washington überflogen. Über dem Kapitol warf man einen Blumenstrauß für den Präsidenten ab. Überall standen die Menschen auf den Dächern der Häuser und winkten dem Luftschiff zu. Als ›Graf Zeppelin‹ New York passierte, heulten die Schiffssirenen. Viele begeisterte Sportflieger umkreisten mit ihren kleinen Maschinen die Gäste aus Deutschland. Um 17.38 Uhr landete man in Lakehurst. Querwinde und eine große Menschenmenge verzögerten das Einhallen. Jeder bewunderte die erstaunliche Leistung: der ›Graf‹ hatte in 111 Stunden und 44 Minuten runde 10 000 Kilometer zurückgelegt. Am folgenden Tag fand in New York ein Empfang für die Besatzung statt. Ein Ehrenbataillon der amerikanischen Armee geleitete die Männer des Luftschiffes bei ihrer Rundfahrt durch die Straßen. Der stellvertretende Oberbürgermeister von New York begrüßte die Besatzung, das Deutschlandlied wurde gespielt, und der Jubel kannte keine Grenzen. Ungezählte Tonnen von Konfetti und Papierfetzen mußten später von den Straßen beseitigt werden.

Während am Schiff dringende Wartungsarbeiten vorgenommen wurden, reiste ein Teil der Besatzung von Bankett zu Bankett. Präsident Coolidge empfing Dr. Eckener und seine Offiziere im Weißen Haus, und im Stadion von Chicago gab man ihnen zu Ehren ein großes Fest. Den Rückflug setzte Dr. Eckener auf den 29. Oktober an. Um 1.00 Uhr bestiegen die Passagiere das Schiff. Langsam öffneten sich die mächtigen Hallentore, und ›Graf Zeppelin‹ glitt in die Nacht hinaus. Die Motoren wurden angelassen, um 2.00 Uhr erfolgte der Start. Man nahm Kurs auf Nantucket Island. Um die Mittagsstunde passierte man eine dichte Regenfront, und Nebel umhüllte das Schiff. Plötzlich wurde LZ 127 geschüttelt und machte heftige Stampfbewegungen. Vermutlich war man in einen Sturm geraten, dessen Basis noch nicht erkennbar war. Um das Schlingern aufzuhalten, wurden die Motoren gedrosselt. Plötzlich öffneten sich die Nebelschwaden und gaben den Blick auf Neufundland frei. Mächtige Eisberge türmten sich auf dem Wasser. Die Weiterfahrt verlief ohne besondere Ereignisse. Am 1. November um 7.00 Uhr morgens fielen in Friedrichshafen die Landetaue. Auch hier war die Begeisterung der Menge groß. Die Menschen umarmten die Besatzungsmitglieder, die dem Namen Deutschlands große Ehre gemacht hatten. ›Graf Zeppelin‹ hatte die Rückfahrt von 7300 km in 71 Stunden und 51 Minuten zurückgelegt.

In der Folgezeit machte LZ 127 neun Inlandfahrten. Am 21. 3. 1929 startete er nach Italien und Palästina. Am 23. April besuchte er Spanien.

Am 16. Mai 1929, kurz vor 6.00 Uhr morgens, startete der ›Graf‹ zu einer zweiten Fahrt nach Lakehurst mit 18 Passagieren, 41 Mann Besatzung, 304 kg Post und 1150 kg Fracht.
Gegen 10.00 Uhr überquerte das Luftschiff das Rhônetal. Um 13.00 Uhr mußte man einen Motor stillegen, weil die Kurbelwelle abgerissen war. Man fuhr aber ohne Bedenken mit vier Motoren weiter, da das Wetter klar und windstill war. Um 14.40 Uhr passierte man Barcelona. Gegen 18.30 Uhr versagte ein weiterer Motor. Da jetzt das Risiko zu groß geworden war, ließ Dr. Eckener sofort auf Gegenkurs drehen. Im Morgengrauen erreichte man wieder die französische Küste und flog westlich der Rhône nach Norden. Bei Montélimar steuerte man in östlicher Richtung, um über den Genfer See Friedrichshafen zu erreichen. Doch blieb ›Graf Zeppelin‹ vom Pech verfolgt. Um 14.15 Uhr setzte noch ein Motor aus, und kurz darauf war auch der vierte Motor defekt. Da das Schiff gegen einen frischen Nordwind ansteuern mußte und seine Eigengeschwindigkeit auf 40 km/h gefallen war, schien eine Notlandung dringend geraten. Man überlegte, ob es möglich sei, LZ 127 an einem geeignet erscheinenden Platz im Tal der Drôme an einigen Bäumen zu vertäuen, um die Reparaturen schnellstens vorzunehmen. Doch auch im Tal wehte ein kräftiger Wind. Also drehte man auf die Riviera ab, um dort bei ruhigem Wetter zu landen. Da erreichte Dr. Eckener

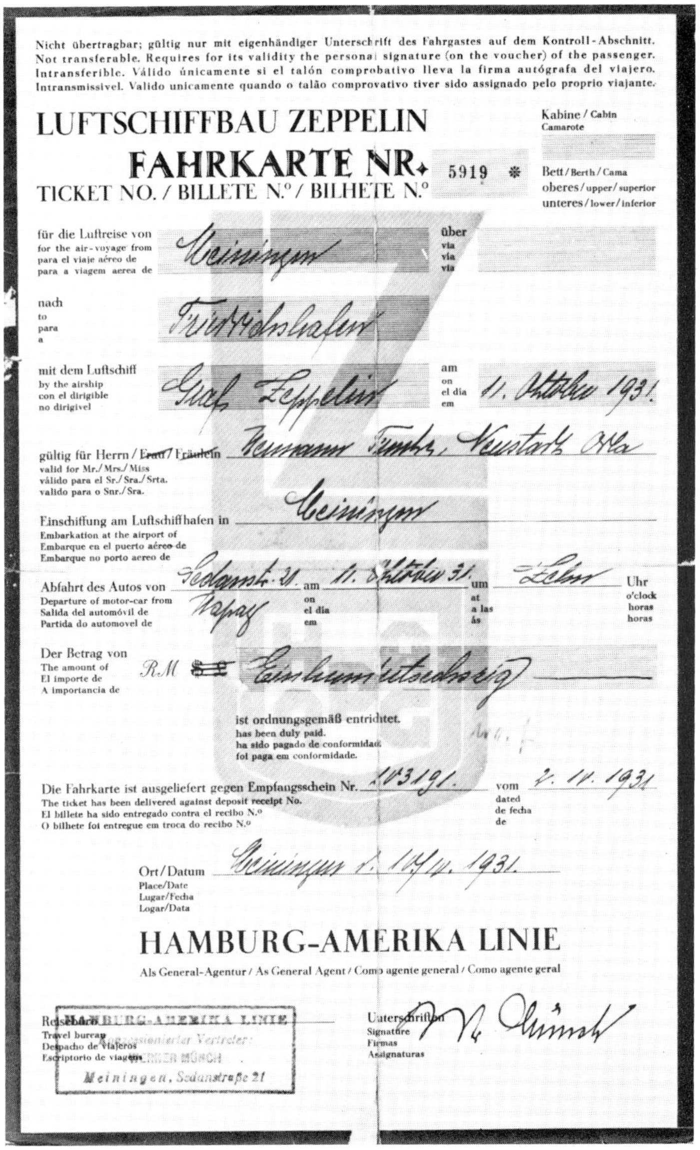

Nicht übertragbar; gültig nur mit eigenhändiger Unterschrift des Fahrgastes auf dem Kontroll-Abschnitt.
Not transferable. Requires for its validity the personal signature (on the voucher) of the passenger.
Intransferible. Válido únicamente si el talón comprobativo lleva la firma autógrafa del viajero.
Intransmissivel. Valido unicamente quando o talão comprovativo tiver sido assignado pelo proprio viajante.

LUFTSCHIFFBAU ZEPPELIN

FAHRKARTE NR. 5919

TICKET NO. / BILLETE N.° / BILHETE N.°

Kabine / Cabin / Camarote

Bett / Berth / Cama
oberes / upper / superior
unteres / lower / inferior

für die Luftreise von / for the air-voyage from / para el viaje aéreo de / para a viagem aerea de: Meiningen

über / via / via / via

nach / to / para / a: Friedrichshafen

mit dem Luftschiff / by the airship / con el dirigible / no dirigivel: Graf Zeppelin

am / on / el dia / em: 11. Oktober 1931.

gültig für Herrn / Frau / Fräulein / valid for Mr./Mrs./Miss / válido para el Sr./Sra./Srta. / valido para o Snr./Sra.: Hermann Funke, Neustadt Orla

Einschiffung am Luftschiffhafen in / Embarkation at the airport of / Embarque en el puerto aéreo de / Embarque no porto aereo de: Meiningen

Abfahrt des Autos von / Departure of motor-car from / Salida del automóvil de / Partida do automovel de: Sedanstr. 21 Hapag

am / on / el dia / em: 11. Oktober 31.

um / at / a las / ás: Zehn

Uhr / o'clock / horas / horas

Der Betrag von / The amount of / El importe de / A importancia de: RM Einhundertsechzig

ist ordnungsgemäß entrichtet.
has been duly paid.
ha sido pagado de conformidad.
foi paga em conformidade.

Die Fahrkarte ist ausgeliefert gegen Empfangsschein Nr. 103191. vom 2. 10. 1931
The ticket has been delivered against deposit receipt No. / dated
El billete ha sido entregado contra el recibo N.° / de fecha
O bilhete foi entregue em troca do recibo N.° / de

Ort/Datum / Place/Date / Lugar/Fecha / Logar/Data: Meiningen d. 10/10. 1931.

HAMBURG-AMERIKA LINIE

Als General-Agentur / As General Agent / Como agente general / Como agente geral

Reisebüro / Travel bureau / Despacho de viajeros / Escriptorio de viagens

HAMBURG-AMERIKA LINIE
Konzessionierter Vertreter:
WERNER MÜNCH
Meiningen, Sedanstraße 21

Unterschriften / Signature / Firmas / Assignaturas: W. Münch

Fahrkarte im innerdeutschen Luftverkehr

AGENTUREN DER HAMBURG-AMERIKA LINIE • AGENCIES OF THE HAMBURG-AMERIKA LIN
AGENCIAS DE LA HAMBURG-AMERIKA LINIE • AGENCIAS DA HAMBURG-AMERIKA LIN

Anfragen und Platzbestellungen für Zeppelinfahrten richte man an eine der folgenden Adressen :
All inquiries concerning Zeppelin air trips and bookings for the same should be directed to any one of the subjoined adresses :
Para informes y toma de billetes en los viajes del dirigible Zeppelin, dirigirse a los siguientes puntos :
Informações e bilhetes relativos ás viagems no dirigivel Zeppelin podem-se obter nos seguintes pontos :

Telegr.-Adr.:

Augsburg, *Ludwig Gabler,* Karlstraße D 79 ... **Hapag, Augsburg**
Baden-Baden, *Reisebüro der Hamburg-Amerika Linie,* Sofienstraße 1 b (am Kurgarten) ... **Hapag, Badenbaden**
Bad Homburg v. d. H., *Reisebüro Bad Homburg,* im Kurhaus ... **Reisebüro, Badhomburg**
Bad Oeynhausen, *Hapag-Reisebüro H. Isenbart,* Badeverwaltungsgebäude (Kurpark) ... **Hapag, Badoeynhausen**
Barmen, *Willy Kronenberg,* Neuer Weg 50
Berlin W 8, *Reisebüro der Hamburg-Amerika Linie,* Unter den Linden 8 ... **Hapag, Berlin**
Berlin W 50, *Reisebüro der Hamburg-Amerika Linie am Zoo,* Hardenbergstraße 29 a-e ... **Halreise, Berlin**
Bielefeld, *Hapag-Reisebüro Ernst Kisker,* Obernstraße 2 ... **Hapag, Bielefeld**
Bochum, *Verkehrsverein E. V.,* Rathausplatz 6 ... **Verkehrsverein, Bochum**
Braunschweig, *Verkehrsverein Braunschweig E. V.,* Hinter Liebfrauen 1, Ecke Münzstraße ... **Verkehrsverein, Braunschweig**
Bremen, *Hamburg-Amerika Linie, Hauptvertretung Bremen,* Herdentorsteinweg 49/50, Ecke Bahnhofstraße ... **Hapag, Bremen**
Breslau, *Reisebüro der Hamburg-Amerika Linie,* Gartenstraße 60 ... **Hapag, Breslau**
Darmstadt, *Bankgeschäft Friedrich Zaun,* Luisenplatz 1 ... **Bankgeschäft Zaun, Darmstadt**
Dortmund, *Hapag-Reisebüro Wilhelm Hemsoth G. m. b. H.,* Markt 4, Postschließfach 228 ... **Hemsoth, Dortmund**
Dresden-A. 1, *Reisebüro der Hamburg-Amerika Linie,* Waisenhausstraße 17, Ecke Prager Straße ... **Hapag, Dresden**
Duisburg, *Verkehrsverein für die Stadt Duisburg E. V.,* Königstraße 79 ... **Verkehrsverein, Duisburg**
Düsseldorf, *Hapag-Reisebüro Emil Heß,* Wilhelmplatz 10 ... **Hapag, Düsseldorf**
Elberfeld, *A. Eulenberg jr.,* Altenmarkt 11 ... **A. Eulenberg jr., Elberfeld**
Erfurt, *Generalvertretung der Hamburg-Amerika Linie,* Anger 12 ... **Hapag, Erfurt**
Essen a. d. Ruhr, *Hapag-Reisebüro van Eupen,* im Hauptbahnhof ... **Reiseeupen, Essenruhr**
Frankfurt a. M., *Reisebüro der Hamburg-Amerika Linie,* im Hapag-Haus, Kaiserplatz ... **Hapag, Frankfurtmain**
Frankfurt a. d. O., *Fa. Oskar Pinnow,* Wilhelmsplatz 14 ... **Spediteur Pinnow, Frankfurtoder**
Friedrichshafen a. B., *Hamburg-Amerika Linie, Filiale Friedrichshafen a. B.,* Goldschmiedstraße 13 (Postfach 62) ... **Hapag, Friedrichshafenbodensee**
Gießen, *Hapag-Reisebüro Loeb,* Seltersweg 93, Ecke Südanlage ... **Hapag, Gießen**
Hagen (Westf.), *Union-Reisebüro,* Hohenzollernstraße 12 ... **Hapag, Hagenwestf.**
Halle a. d. S., *Reisebüro der Hamburg-Amerika Linie,* Marktplatz 25, Im Roten Turm ... **Hapag, Hallesaale**
Hamburg, *Hamburg-Amerika Linie, Abteilung Personenverkehr,* Alsterdamm 25 ... **Hapag, Hamburg**
Hamburg, *Hamburg-Amerika Linie, Reisebüro Verkehrspavillon,* Jungfernstieg ... **Verkehrspavillon**
Hamburg, *Hamburg-Amerika Linie, Reisebüro Hauptbahnhof,* Hauptbahnhof, im Hauptgebäude ... **Halreise, Hamburg**
Hannover, *Reisebüro der Hamburg-Amerika Linie,* Bahnhofstraße 10 ... **Hapag, Hannover**
Heidelberg, *Edm. von König G. m. b. H.,* Hauptstraße 124 ... **von König, Heidelberg**
Kaiserslautern, *Hapag-Reisebüro, Verkehrsverein E. V.,* Rummelstraße 10 ... **Verkehrsverein, Kaiserslautern**
Kassel, *Hapag-Reisebüro R. Hausknecht,* Obere Königstraße 21 ... **Hapag, Kassel**
Kiel, *Kieler Reise- und Verkehrsbüro, Gemeinnützige G. m. b. H.,* im Hauptbahnhof ... **Reisebüro, Kiel**
Köln, *Reisebüro der Hamburg-Amerika Linie,* Wallrafplatz 3 ... **Hapag, Köln**
Königsberg i. Pr., *Reisebüro der Hamburg-Amerika Linie G. m. b. H.,* Kantstraße 2 ... **Hapag, Königsbergpr.**
Krefeld, *Hapag-Reisebüro Josef Esser,* Bahnhofsvorplatz 2 ... **Reisebüro, Krefeld**
Leipzig, *Reisebüro der Hamburg-Amerika Linie,* Augustusplatz 2 ... **Hapag, Leipzig**
Lübeck, *Reisebüro der Hamburg-Amerika Linie,* Auf dem Markt ... **Hapag, Lübeck**
Magdeburg, *Reisebüro der Hamburg-Amerika Linie,* Breiter Weg 14 ... **Hapag, Magdeburg**
Mainz, *Hapag-Reisebüro J. F. Hillebrand G. m. b. H.,* Reiche-Klara-Straße 10 ... **Hapag, Mainz**
Mannheim, *Reisebüro Carl Haug, Inh. Kapitän Carl C. Haug,* L. 15, Nr. 14, Am Kaiserring ... **Hapag, Mannheim**
München, *Reisebüro der Hamburg-Amerika Linie,* Theatinerstraße 38 ... **Hapag, München**
Nürnberg, *Hapag-Reisebüro »Intra«,* Hallplatz 2, Mauthalle ... **Intra, Nürnberg**
Pforzheim, *Reisebüro der Hamburg-Amerika Linie,* Bahnhofsplatz 4 ... **Hapag, Pforzh**
Regensburg, *Hapag-Reise- und Verkehrsbüro G. m. b. H.,* Maximilianstraße 29, Postfach 83 ... **Hapag, Regensb**
Rostock, *Verkehrsverein Rostock E. V.,* Am Steintor ... **Hapag, Rosto**
Solingen, *Ernst Meis i. Fa. Ewald Meis,* Kölner Straße 109, Ecke Weyersberg ... **Glücksmeis, Soling**
Stettin, *Hapag-Reisebüro,* Breite Straße 68 ... **Hapag, Stet**
Stuttgart, *Reisebüro der Hamburg-Amerika Linie,* Königstraße 12 ... **Hapag, Stuttg**
Stuttgart, *Reisebüro der Hamburg-Amerika Linie,* im Hauptbahnhof Stuttgart ... **Halreise, Stuttg**
Wiesbaden, *Reisebüro der Hamburg-Amerika Linie,* Kaiser-Friedrich-Platz 3, Ecke Webergasse ... **Hapag, Wiesbad**
Würzburg, *Hapag-Reisebüro-Verkehrsverein,* Bahnhofsplatz 1, **Halreise, Würzb**

*

Amsterdam, *Wambersie & Zoon,* De Ruyterkade 108 ... **Wambersie, Amsterd**
Antwerpen, *Eiffe & Co.,* 43, Longue Rue Neuve ... **Eiffe, Antwerp**
Barcelona, *Agencia Maritima Wm. H. Müller, S. A.* Paseo de Colon 24 ... **Mariolanda, Barcel**
Bucarest, *Hamburg-Amerika Linie, S. A. R.,* Calea Victoriei 84 (Hotel Metropol) ... **Lazarovitz, Bucar**
Budapest, *Generalvertretung der Hamburg-Amerika Linie für Ungarn,* Baross-tér 4 ... **Hapag, Budap**
Buenos Aires, *A. M. Delfino & Cia. S. A.,* Florida 439 ... **Aconcagua, Buenosai**
Chicago, Ill., *Hamburg-American Line,* 177, N. Michigan Ave.
Cobh (Queenstown), *Wm. H. Muller & Co. (London) Ltd.,* Westbourne Place ... **Mullerco, Co**
Danzig, *Max Weichmann,* Stadtgraben 13 ... **Hapag, Dan**
Genua, *Generalvertretung der Hamburg-Amerika Linie »La Mediterranea«,* Via Cairoli 15 ... **Hapag, Ge**
Gothenburg, *Herman Holmberg A. B.,* Kontorshuset »Hertzia« ... **Hapag, Gothenb**
Helsingfors, *A. B. Lars Krogius & Co., O. Y.* ... **Krogiusco, Helsingf**
Kopenhagen, *Jörgen Holm & Co.,* Nyhavn 5 ... **Hapag, Kopenha**
Kowno, *Hamburg-Amerika Linie,* Laisves Aleja 46 ... **Hapag, Kow**
London S. W. 1, *Wm. H. Muller & Co. (London) Ltd., West End Office,* Greener House, 66/68, Haymarket, **Bataviline Piccy, Lond**
Luxemburg, *G. W. Kappler-Kiewitsch,* Avenue Monterey 17, **Kakibank, Luxemb**
Madrid, *Hamburg-Amerika Linie Agencia General,* Alcala 43 ... **Hapag, Mad**
Malmö, *Nordisk Transport & Spedition Louis Hannell,* Skeppsbron 5 ... **Nordtransport, Ma**
Neapel, *Hamburg-Amerika Linie, Vertretung Neapel,* Via S. Carlo 18 ... **Hapag, Nea**
New York, *Hamburg-American Line,* 39, Broadway ... **Hapag, New Y**
Oslo, *Behrens & Co.,* Skippergaten 14 ... **Berhav, C**
Paris, *Société Anonyme d'Escales,* 11 bis, Rue Scribe ... **Unamlinu, Pa**
Prag I, *Hamburg-Amerika Linie, Generalrepräsentanz für die csl. Republik,* Hybernska 10 ... **Hapag, Pr**
Reval, *Carl F. Gahlnbäck,* Neugasse 2 ... **Gahlnbäck, Re**
Riga, *H. Rauert,* Scheunenstraße 23 ... **Henrauert, R**
Rio de Janeiro, *Theodor Wille & Co.,* Avenida Rio Branco 79 ... **Wille, Riodejan**
Rom, *Hamburg-Amerika Linie, Generalvertretung E. Linnemann,* Via Vittorio Veneto 91-95 ... **Hapag, R**
Rotterdam, *Wambersie & Zoon,* Calandstraat 5/7 ... **Wambersie, Rotter**
San Francisco, Cal., *Hamburg-American Line,* 574, Market Street ... **Hapag, San Franc**
Sevilla, *Baquera, Kusche & Martin,* San Fernando 35 ... **Bakumar, Sev**
Stockholm, *Nordström & Thulin* ... **Nordstroms, Stockh**
Timisoara (Temesvar) *Hamburg-Amerika Linie, S. A. R.,* Strada Mercy 2 ... **Lazarovitz, Timiso**
Venedig, *Reisebüro Giuseppe Guetta,* St. Moisè 1474 (S. Marco) ... **American, Vene**
Wien I, *Hamburg-Amerika Linie,* Generalrepräsentanz für Österreich, Kärntner Straße 38 ... **Hapag, W**
Zagreb (Agram), *Hamburg-Amerika Linie, Generalrepräsentanz für Jugoslavien,* B. cesta Nr. 3 ... **Hapag, Za**
Zürich, *H. Attenberger, A. G., Hapag-Reisebüro,* Bahnhofstraße 90 ... **Hapag, Zü**

Außerdem alle übrigen Hapag-Vertretungen im In- und Auslande
Or any other Hapag agencies in Germany and abroad
O a cualquiera de las demás agencias que la Hamburg-Amerika Linie tiene en Alemania y en el extranjero
Ou em qualquer outra das agencias que a Hamburg-Amerika Linie mantem na Allemanha e no extrangeiro

Petermann

Luftschiff-Agenturen der Hamburg-Amerika-Linie

ein Funkspruch des französischen Luftfahrtministeriums, das seine Hilfe anbot. Also steuerte man den in der Nähe liegenden Marineluftschiffhafen Cuers-Pierrefeu bei Toulon an, wo sich bereits eine starke Hilfsmannschaft eingefunden hatte und für eine glatte Landung sorgte. Die von Friedrichshafen kommenden Ersatzmotoren wurden eingebaut, und LZ 127 kehrte zu seinem Heimathafen zurück.

Graf Zeppelin auf Weltfahrt

›Graf Zeppelin‹ sollte die Schlappe bald wieder wettmachen. Man beschloß, eine Weltfahrt zu unternehmen. Das Problem der Finanzierung war bald gelöst; denn seit Bekanntwerden des Vorhabens trafen aus der ganzen Welt Angebote ein. Der amerikanische Zeitungskönig William R. Hearst war bereit, zusammen mit einigen deutschen Zeitungsverlagen die Hälfte der Unkosten zu tragen. Dafür erhielt er das Reportagemonopol für die ganze Welt außer Europa. Durch seinen großen Anteil an der Finanzierung konnte Hearst auch die Forderung stellen, die Weltfahrt in Lakehurst, bzw. bei der Freiheitsstatue, zu beginnen und zu endigen. Dadurch gab es eigentlich zwei Weltfahrten: die amerikanische und die deutsche, die von Friedrichshafen nach Friedrichshafen führte.
›Graf Zeppelin‹ startete am 1. August 1929 zum Flug über den Atlantik, um in Lakehurst die amerikanischen Gäste an Bord zu nehmen. Unter ihnen waren

Luftschiffwerbung anläßlich der ersten Südamerikafahrt

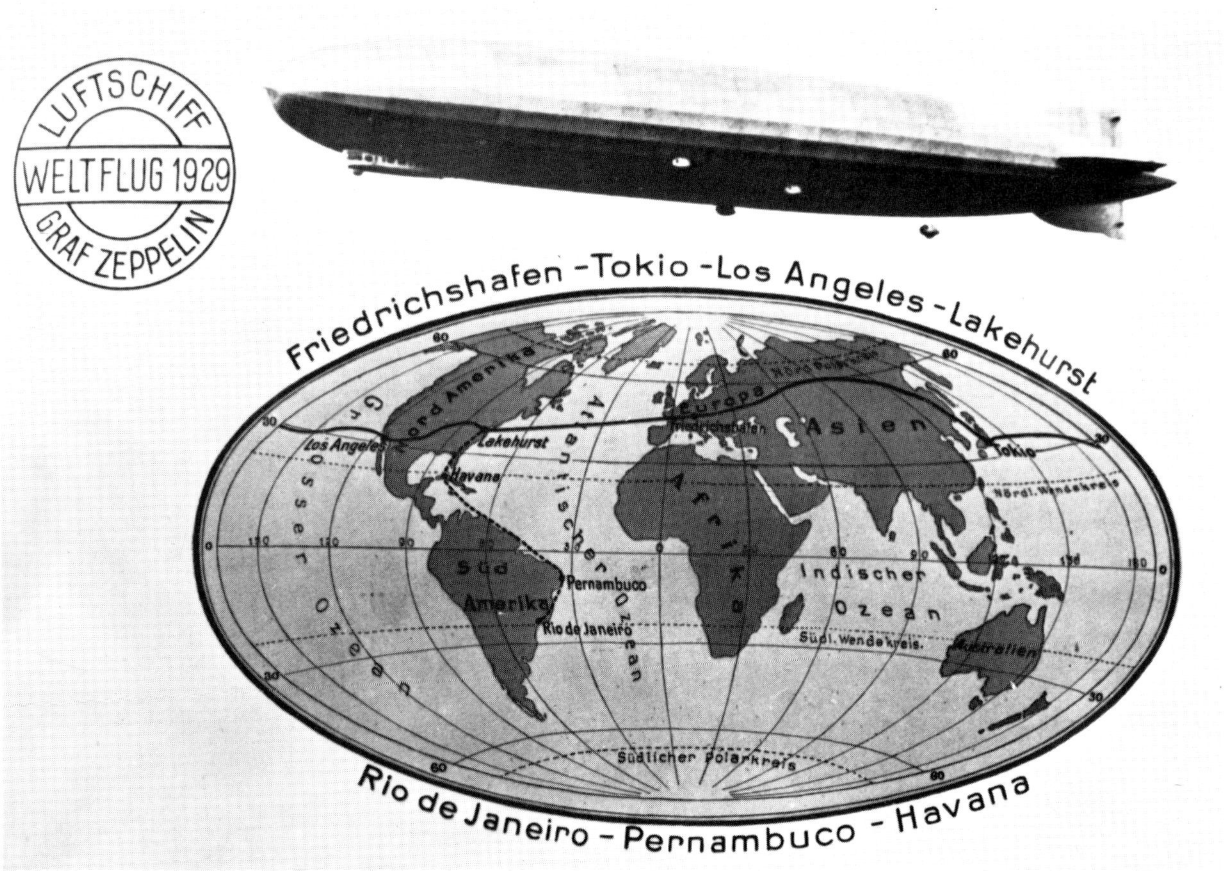

der australische Polarforscher Sir Hubert Wilkins und der Luftschiffer, Fregattenkapitän Charles E. Rosendahl.
In der Nacht zum 8. August verließ LZ 127 amerikanischen Boden und kehrte nach Friedrichshafen zurück. Für die Strecke Lakehurst-Friedrichshafen brauchte er nur 55 Stunden und 22 Minuten. Nun begannen die Vorbereitungen für die große Weltreise. Das Luftschiff wurde technisch gewartet und überprüft. Brennstoff, Ballast, Proviant, Post und eine Notausrüstung wurden an Bord genommen. Als ›Graf Zeppelin‹ am 15. August morgens 4.35 Uhr abhob, waren 40 Mann Besatzung und 20 Fahrgäste an Bord. Von den 20 Passagieren zahlten jedoch nur zwei den vollen Betrag für die Weltreise: nach heutiger Währung je 40 000 DM. Die übrigen waren Behördenvertreter, Ehrengäste und Presseleute.

Der ›Graf‹ steuerte über Leipzig, Berlin, Stettin, Danzig und die baltischen Staaten nach Rußland. Der Wind stand günstig, der Himmel war strahlend blau. Aus Moskau traf ein Funkspruch der russischen Regierung ein mit der Bitte, man möge einen Abstecher nach dorthin machen. Doch Dr. Eckener lehnte höflich ab, da er nicht das Risiko eines Schlechtwettereinbruchs eingehen wollte. Als am vierten Tag Jakutsk erreicht wurde, warf man an einem Fallschirm einen Kranz ab für die ehemaligen deutschen Kriegsgefangenen, die auf dem dortigen Friedhof beigesetzt waren. Weiter ging die Fahrt nach Osten. Endlich, nach langen Stunden, in denen man keinerlei Funkverbindung aufnehmen konnte, meldete sich eine japanische Station mit den ersten Wetternachrichten. Diese waren nicht ermutigend: Ein Taifun passierte zur Zeit die japanische Ostküste! Zwar kam das Schiff in starke Regenschauer, aber der erwartete Sturm blieb glücklicherweise aus. Am 19. August um 8.45 Uhr MEZ wurde Tokio überflogen. Langsam nahm man Kurs auf den Marineflugplatz Kasumiga-ura, wo die Landemannschaften bereitstanden. Endlich, nach 101 Stunden und 49 Minuten, fielen die Landeseile. Die zurückgelegte Entfernung betrug 11 247 Kilometer. In Tokio wurde die Besatzung des berühmten Luftschiffes überall gefeiert.

Dr. Eckener setzte die Weiterfahrt auf den 22. August fest. Als das Schiff an diesem Morgen aus der Halle bugsiert wurde, verhakte sich eine Laufkatze an ihrer Schiene, und die hintere Motorengondel schlug hart auf den Boden auf, wobei drei Gondelstreben beschädigt wurden. Die Reparatur nahm einen Tag in Anspruch. So startete LZ 127 am 23. August mit dem Ziel Los Angeles. In 68 Stunden wurde der Stille Ozean überquert. Am Nachmittag des 25. August passierte man San Francisco. Auch hier veranstalteten die Schiffssirenen zur Begrüßung ein höllisches Konzert, und Sportflugzeuge umkreisten LZ 127. Mittlerweile war die Dunkelheit hereingebrochen. Man steuerte an der Küste entlang, vorbei an San Simeon, dem hellerleuchteten Märchenschloß des Zeitungskönigs Hearst, und weiter nach Los Angeles zum Luftschiffhafen. Nach einer Fahrt von 79 Stunden und 9650 km landete das Schiff. Leider hatte man in Los Angeles nicht genügend Wasserstoffgas zum Nachfüllen bereitgestellt. Außerdem war das Wetter erheblich wärmer als angenommen, was ungünstige Bedingungen für den Auftrieb des ›Graf Zeppelin‹ beim Wiederaufstieg bedeutete. So mußte ein Teil der Besatzung, um das Luftschiff zu entlasten, per Flugzeug nach Lakehurst reisen, und überflüssiger Proviant und Wasserballast wurden von Bord gegeben. Trotzdem hatte man anfänglich große Mühe, genügend Höhe zu gewinnen, dann aber nahm man ohne Schwierigkeiten Kurs übers Meer nach Süden und drehte bei San Diego nach Osten ein. Trotz böiger Winde verlief die Fahrt über den Kontinent ohne Zwischenfälle. Wieder umkreiste das Schiff die Freiheitsstatue und landete nach 21 Tagen, 5 Stunden und 31 Minuten in Lakehurst. Am 4. September traf der ›Graf‹ wohlbehalten in Friedrichshafen ein. Diese zweite Weltfahrt Friedrichshafen-Friedrichshafen wurde in nur 20 Tagen beendet. Auf der letzten Etappe Lakehurst-Friedrichshafen hatte Kapitän Lehmann die Führung übernommen. Dr. Eckener war in den USA zurückgeblieben, um über die Gründung einer deutsch-amerikanischen Routengesellschaft zu verhandeln. Kapitän Lehmann zog folgende Bilanz:

LZ 127 ›Graf Zeppelin‹ verließ Friedrichshafen am 1. August 1929, morgens 3.30 Uhr, und landete nach Abschluß der Weltfahrt am 4. September um 8.19 Uhr. Innerhalb dieser Zeit legte er folgende Strecken zurück:
Friedrichshafen-Lakehurst, 8350 km, in 95 Stunden, 22 Minuten mit einem Reisedurchschnitt von 87,6 km/h.
Lakehurst-Friedrichshafen, 7068 km, in 55 Stunden, 22 Minuten mit 127,5 km/h.

Friedrichshafen-Tokio, 11 247 km, in 101 Stunden, 49 Minuten mit 110,5 km/h.
Tokio-Los Angeles, 9653 km, in 79 Stunden, 3 Minuten mit 122 km/h.
Los Angeles-Lakehurst, 4822 km, in 51 Stunden, 57 Minuten mit 92,8 km/h.
Lakehurst-Friedrichshafen, 8478 km, in 67 Stunden, 31 Minuten mit 124 km/h.
Zusammen in sechs Etappen fuhr ›Graf Zeppelin‹ also genau 49 618 km.
Dies war die einzige Weltumrundung eines Luftschiffes.

Bis Ende des Jahres 1929 machte ›Graf Zeppelin‹ eine Reihe von Fahrten in die Schweiz und zwei weitere Fahrten in den Balkan und nach Spanien. In der Zeit vom 18. Mai bis 6. Juni 1930 fuhr das Schiff zu einem ersten Besuch nach Südamerika. In sieben Teilstrekken mit Zwischenlandungen in Sevilla, Pernambuco, Rio de Janeiro, Lakehurst und Sevilla legte es insgesamt 29 466 km zurück. Diese erfolgreiche Fahrt entschied das Zustandekommen der ersten Transatlantischen Luftschifflinie.

Max Pruß und seine Frau nach der Weltfahrt des LZ 127

Die Arktisfahrt des ›Graf Zeppelin‹

Schon vor dem Ersten Weltkrieg hatte Graf Zeppelin eine Polarfahrt mit einem Luftschiff geplant. Mit dem Lloyddampfer ›Mainz‹ hatte der Graf gemeinsam mit dem flugbegeisterten Bruder des Kaisers, Prinz Heinrich von Preußen, und dem Meteorologen Geheimrat Hergesell im Sommer 1910 eine Studienfahrt nach Spitzbergen unternommen. Doch bevor es zur Ausführung der Expedition kam, brach der Krieg aus und zerstörte alle Hoffnungen.

Nun hatte Dr. Eckener diesen Gedanken wieder aufgegriffen. Mit 45 Personen an Bord startete ›Graf Zeppelin‹ am 24. Juli 1931 in Friedrichshafen zu einer Arktisfahrt. Deutsche und russische Wissenschaftler, unter ihnen der russische Polarforscher Prof. Samoilowitsch, beteiligten sich an der Fahrt, denn meteorologische Untersuchungen und Vermessungen sollten vorrangig sein. Wissenschaftliche Geräte, Kajaks, Schlitten, Zelte, Rentierfellschlafsäcke, wetterfest verpackter Proviant und Medikamente wurden mitgeführt.

Die erste Zwischenlandung fand in Staaken bei Berlin statt. Dann ging die Reise weiter über Königsberg, Riga, Reval, Helsingfors nach Leningrad, wo Benzin und Wasserstoff nachgefüllt wurden. Am 27. Juli traf ›Graf Zeppelin‹ mit dem russischen Eisbrecher ›Malygin‹ vor dem Franz-Joseph-Land zusammen. LZ 127

Dr. Eckener, Fridtjof Nansen und Sir H. Wilkins besprechen die Arktisfahrt

landete zwischen den Eisschollen in einer geschützten Bucht der Hooker-Insel. Der Eisbrecher sandte zur Postübernahme ein Boot herüber, in dem sich zur Überraschung und Freude aller General Nobile, der berühmte Nordpolfahrer, befand.
Nachdem der ›Graf‹ sich eine Stunde auf dem Eis aufgehalten hatte, fuhr er nach Sewernaja Semlja weiter. Auf photographischem Wege wurden große Teile der Inseln vermessen. Der russische Forscher Moltschanow ließ wiederholt an einem kleinen, wasserstoffgefüllten Spezialballon die von ihm erfundene Radiosonde bis auf 14 000 m Höhe aufsteigen. Eine Radiosonde ist ein aerologisches Instrument mit Registriergeräten, die funktelegraphisch Temperatur-, Feuchtigkeits- und Druckänderungen in höheren Luftschichten durchgeben. Wo immer sich Gelegenheit bot, führten die Forscher an Bord des ›Graf Zeppelin‹ erdmagnetische, meteorologische und biologische Untersuchungen durch und gelangten zu wertvollen wissenschaftlichen Resultaten.

Der Wissenschaftliche Leiter der Arktisfahrt, Professor R. Samoilowitsch

Postübergabe am Nordpol. Im Boot General Nobile

Am Kap Tscheljuskin war der nördlichste Punkt Asiens erreicht. Dann fuhr man über die Taimyr-Halbinsel nach Kap Dikson und von dort in 5½stündiger Fahrt über die Kara-See zur Nordspitze von Nowaja Semlja. Die Ostküste der Nordinsel wurde vermessen; dann steuerte man durch den Matotschkin-Schar, den schmalen Sund, der Nord- und Südinsel trennt. Nachdem man auch die Südinsel vermessen hatte, fuhr LZ 127 über Archangelsk und Leningrad zurück nach Berlin und landete am Abend des 30. Juli auf dem Flughafen Tempelhof. Sieben Tage hatte die Arktisfahrt gedauert, wobei in 145 Stunden und 26 Minuten reiner Fahrzeit 13 309 km zurückgelegt worden waren. Damit hatte ›Graf Zeppelin‹ wieder einmal bewiesen, daß er jedem Klima gewachsen war.

Von Jahr zu Jahr steigerte LZ 127 nun seinen Post- und Passagierdienst nach Übersee. Der Höhepunkt wurde im Jahr 1936 erreicht, als das Schiff mit vierzehntägigem Fahrbetrieb sechzehn Reisen nach Rio de Janeiro unternahm.
Vom 26. bis 29. März 1936 befand sich ›Graf Zeppelin‹ mit LZ 129 ›Hindenburg‹ auf einer Deutschlandfahrt, wobei er 7000 km zurücklegte. Im Juni 1937 wurde das Luftschiff außer Dienst gestellt und als Museum eingerichtet. Im März/April 1940 wurde der so erfolgreiche ›Graf Zeppelin‹ auf Anordnung des Luftfahrtministeriums gesprengt; die Aluminiumteile gingen in die deutsche Kriegsindustrie.

Am Zuckerhut ▶

In Recife (Pernambuco) wurde ein Zeppelin-Flughafen eingerichtet. ▼

LZ 127 und LZ 129 (›Hindenburg‹) auf dem Flughafen Löwenthal (1936)

Am Ankermast ▼

›Graf Zeppelin‹ und ›Hindenburg‹ auf dem Luftschiffhafen Frankfurt am Main

Daten des LZ 127 ›Graf Zeppelin‹

Länge: 236,60 Meter
Durchmesser: 30,50 Meter
Volumen: 105 000 m³
Nutzlast: 30,0 Tonnen
Motoren: fünf zwölfzylindrige Maybach-Motoren von je 530 PS
Geschwindigkeit: 30,6 m/sek

Führung: Dr. Eckener, Kapitän Lehmann, Kapitän Flemming, Kapitän v. Schiller, Kapitän Wittemann, Kapitän Pruß
Standorte: Friedrichshafen, Frankfurt/Main
Insgesamt 590 Fahrten.

Kapitäne und Mannschaft von LZ 127

Dr. Eckener und Max Pruß in der Führergondel

Oben rechts: Max Pruß

Lebensmittelübernahme ▸

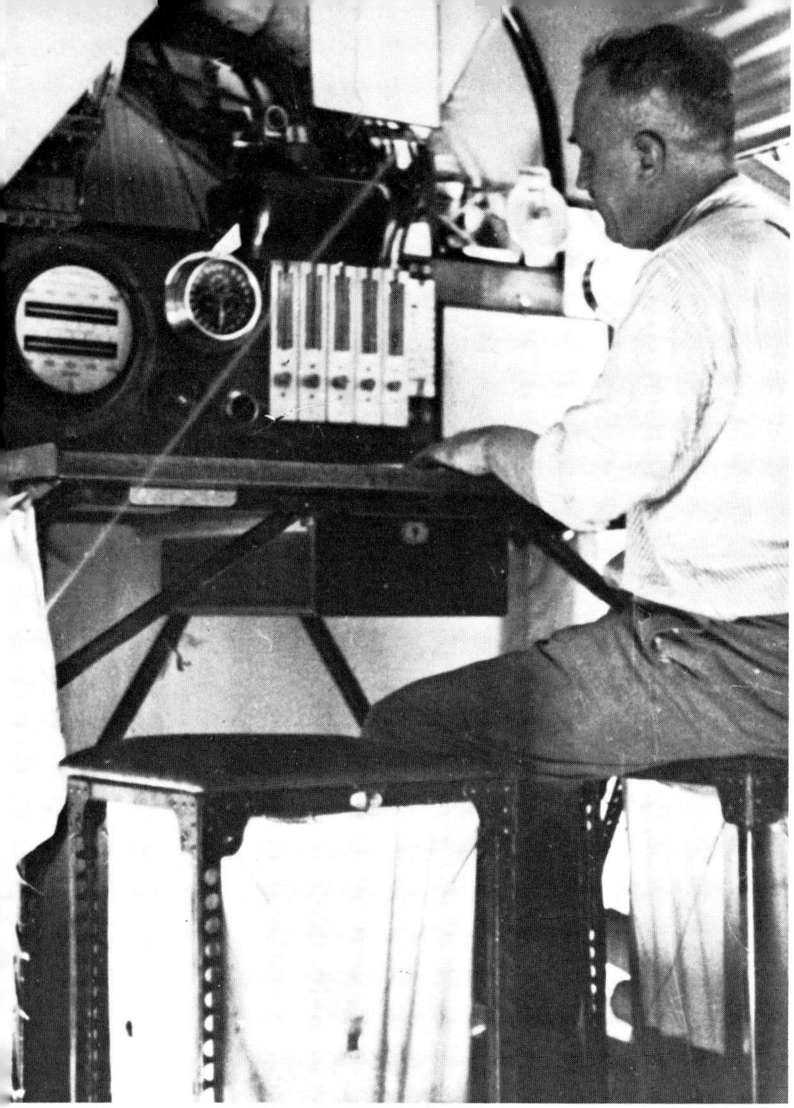

Kapitän Wittemann im Navigationsraum

◀ Im Kontrollraum des Fahringenieurs

Unten links: Kapitän Flemming mit der »Flüstertüte«

Kapitän Wittemann

Dr. Eckener und Dr. Dürr

In der Führergondel

Besatzungsmitglieder vor dem Schiff in Cuers-Pierrefeu bei Toulon

Luftschiffwerbung für den Volksempfänger

Dr. Eckener, links Kapitän Flemming, rechts Kapitän von Schiller

Start zu einem Probeflug

Nach der Atlantikfahrt 1928 ▲

An der Seilspinne in Frankfurt/Main-Rebstock ▼

◀ Landemannschaft an der Seilspinne

Führergondel mit dem wuchtigen Puffer – Kurz vor dem Start – Passagiere gehen an Bord ▼

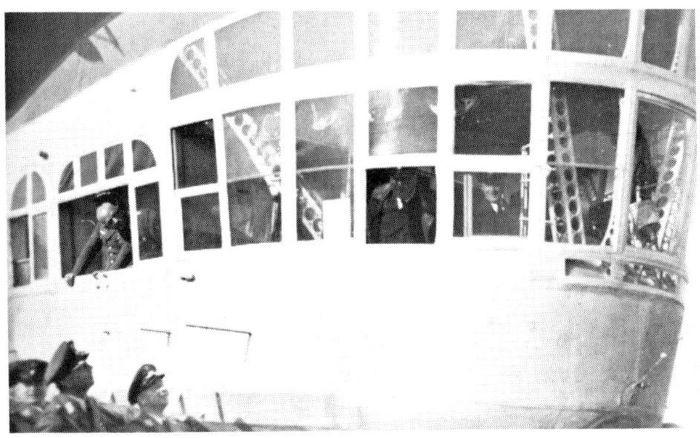

Technik von LZ 127

Notstromanlage

Oben: Kreiselkompaß ▶
Unten: Beim Landemanöver in Lakehurst wurden mehrere Soldaten mit in die Höhe gerissen.

Notstromaggregat eingelassen

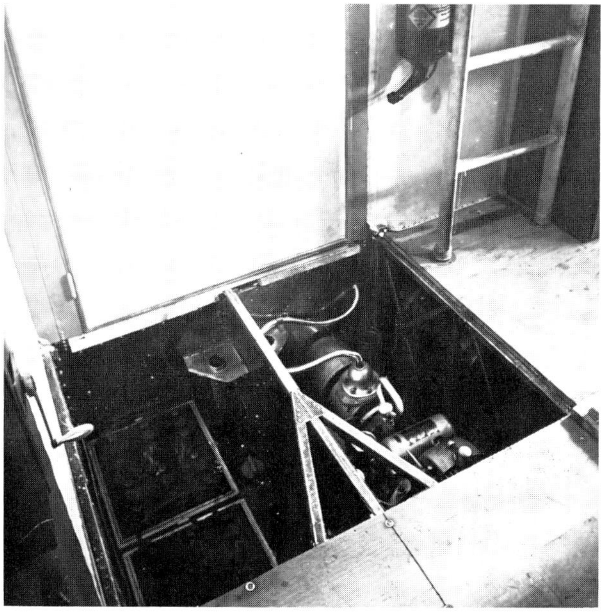

Ankermast in Lakehurst

Oben: Abfangen der Heckgondel ▶

Unten links: Monteur steigt aus einer Maschinengondel zum Schiff hinauf

Unten rechts: LZ 127 über Funchal

Luftschiffhalle in Lakehurst/USA

▲ Ein Ringeck wird genietet ▼ Der Rumpf entsteht. Ringmontage Das Gerippe im Bau ▶

Das Gerippe wird bezogen

Führergondel im Bau ▶

Die achtere Backbordseitengondel

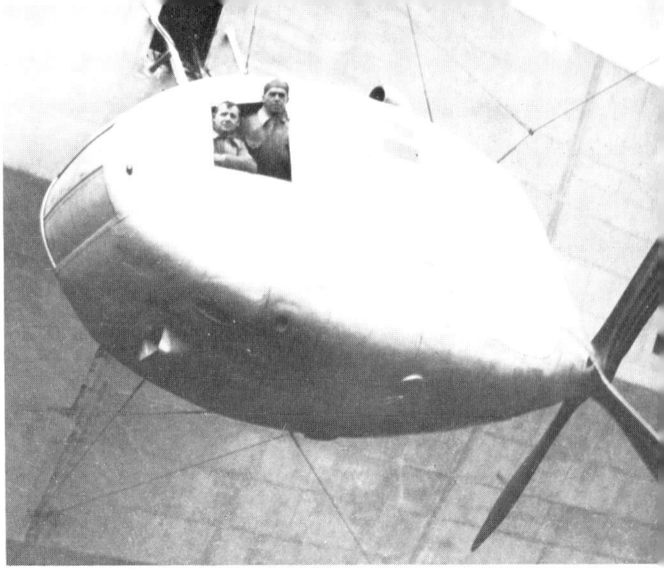

Motorgondel backbord

◀ Motorenwechsel

Unten links: Motor ist eingesetzt

Motorenprüfstand

Heckgondel

Heckgondel mit Puffer

Besucher besichtigen das Luftschiff ▲

Das Schiffsinnere ohne Gaszellen ▶

Heckmotorgondel ▼

Heckgondel mit 530-PS-Motor ▶

Versuche mit angehängtem Flugzeug

Werbung mit LZ 127

Werbung mit LZ 127 für eine Sektmarke

Werbepostkarte.
LZ 127 über Lindau/
Bodensee.

Werbekarte für die Erzeugnisse einer Kugellagerfabrik

LZ 128

LZ 128 war für 30 bis 34 Passagiere entworfen worden. Als Füllgas war, wie üblich, Wasserstoff vorgesehen. Doch als Ende 1931 das britische Passagierluftschiff ›R 101‹ in der Nähe von Beauvais in Frankreich mit 48 Menschen verbrannte, legte man in Deutschland den Entwurf zum LZ 128 zu den Akten zugunsten eines ganz neuen Projektes.

LZ 129 ›Hindenburg‹ – 1. Fahrt am 4. März 1936

Am 22. März 1935 wurde in Berlin die Deutsche Zeppelin Reederei GmbH (DZR) gegründet, um die Luftschiffbau-Zeppelin-Gesellschaft vom Fracht- und Passagierdienst zu entlasten. Damit gab man der Zeppelin-Gesellschaft ihre ursprüngliche Bestimmung als Bauwerft zurück. LZ 129 sollte ›Graf Zeppelin‹, der den Verkehr nicht mehr allein bewältigen konnte, zur Seite stehen.

Statt mit dem feuergefährlichen Wasserstoffgas sollte LZ 129 mit dem unbrennbaren, aber sehr kostbaren Helium gefüllt werden, das damals nur die USA in größeren Mengen besaßen. Dr. Eckener hatte zu diesem Zweck viele Verhandlungen geführt, und obwohl die US-Marine seine Bemühungen unterstützte, lehnten die Vereinigten Staaten, wohl aus politischen Erwägungen, die Lieferung ab. Hitler war zu mächtig geworden, und man fürchtete schon zu jener Zeit einen europäischen Krieg, der sich auf die ganze Welt ausdehnen konnte. So wurde LZ 129 wie alle deutschen Luftschiffe mit Wasserstoffgas gefüllt.

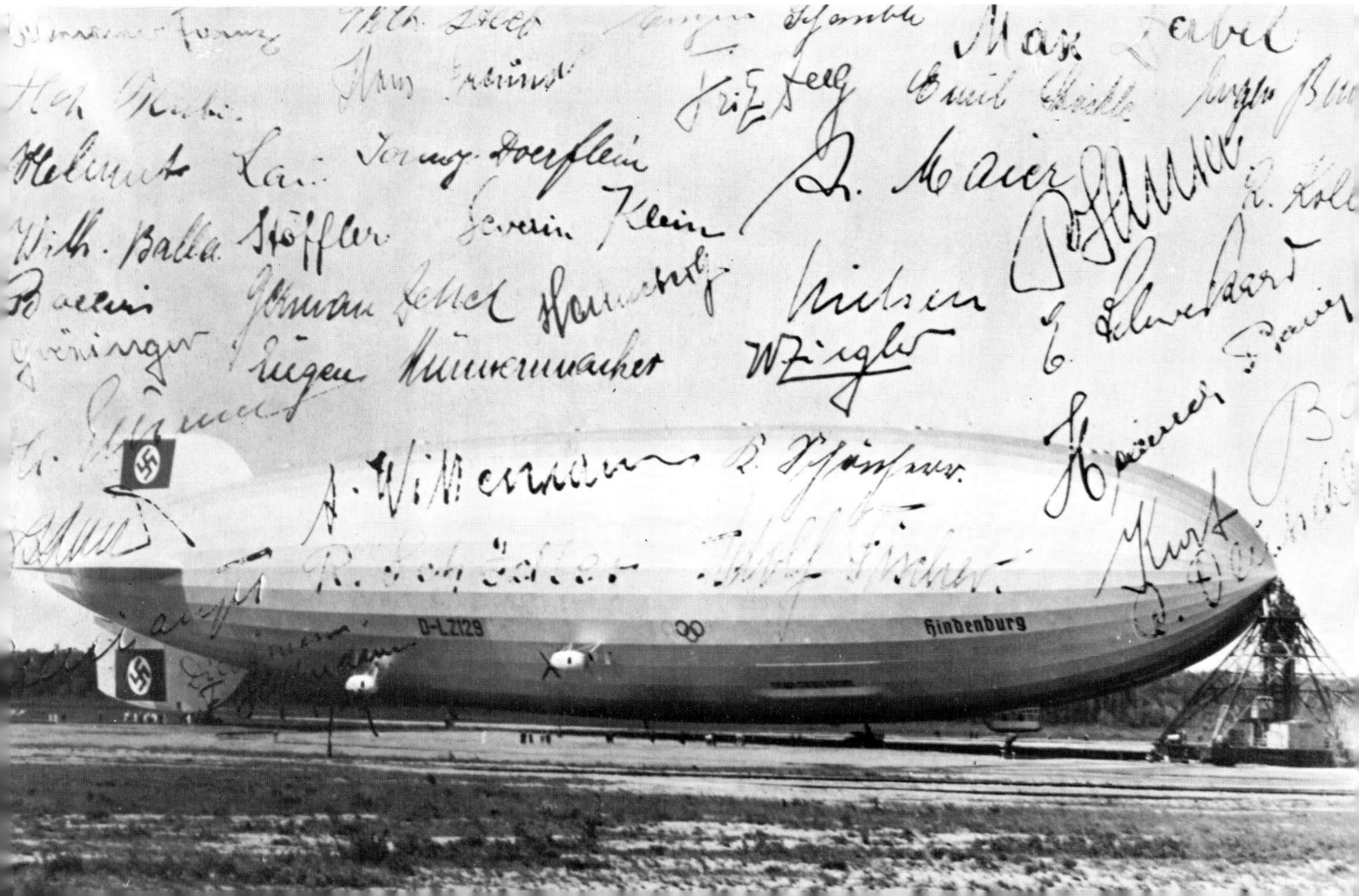

Autogrammkarte der Besatzungsmitglieder des LZ 129 »Hindenburg«

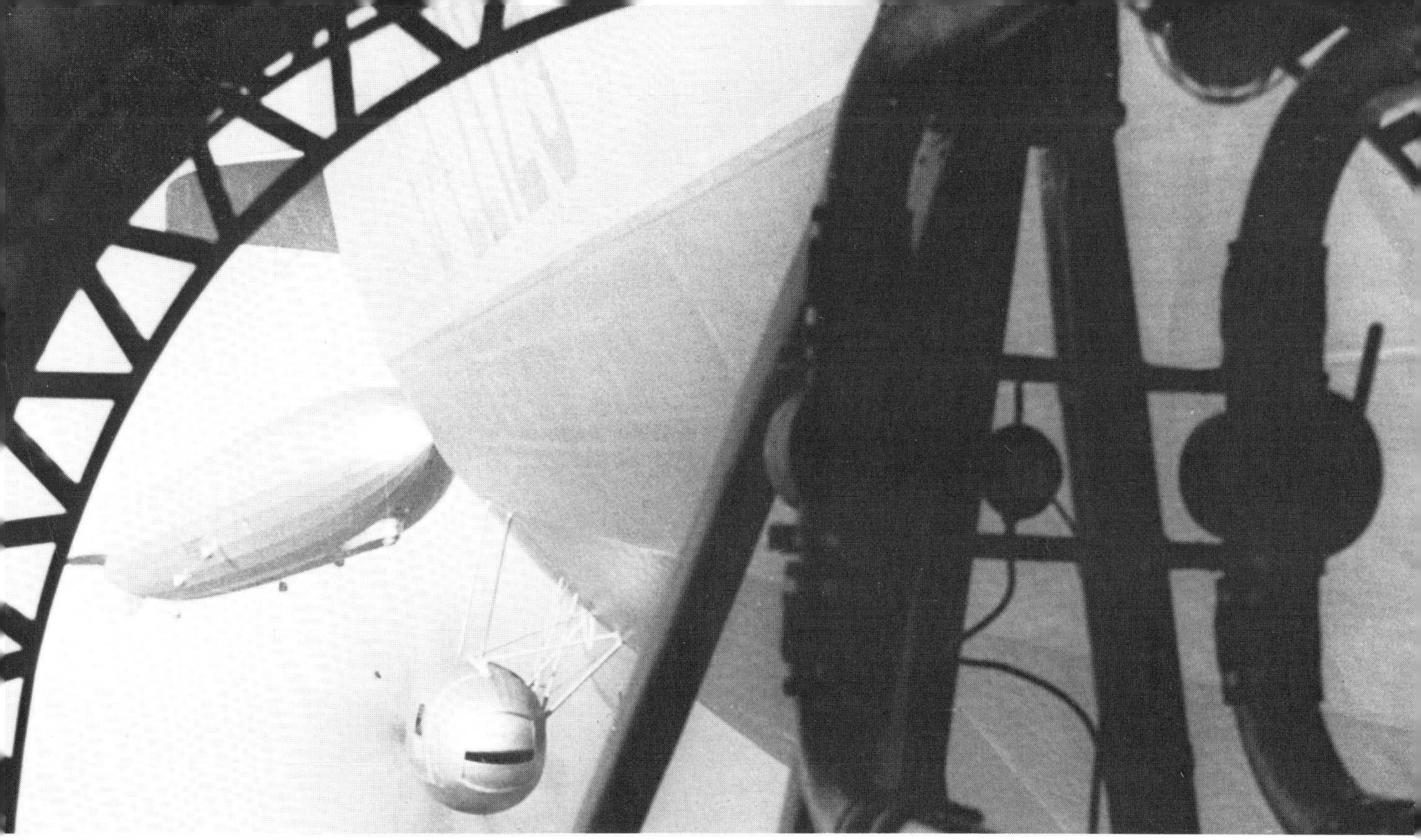

LZ 127 und LZ 129 auf Deutschlandfahrt

Letzte Aufnahme des LZ 129 am 4. Mai 1937 ▶

Nach vierjähriger Bauzeit war LZ 129 fertiggestellt und machte am 4. März 1936 um 15.19 Uhr seine erste Werkstattfahrt unter der Führung von Dr. Ekkener. Mit 87 Personen an Bord wurde das Schiff drei Stunden lang über dem Bodensee gründlich getestet. Bis jetzt hatte es noch keinen Namen. Auf beiden Seiten warben die fünf ineinandergeschlungenen Olympiaringe für die Olympiade 1936 in Berlin. Als das Luftschiff um 18.25 Uhr landete, war diese Probefahrt zur Zufriedenheit verlaufen.

Mit LZ 129, dem größten Luftschiff der Welt, war eine erhebliche Weiterentwicklung im deutschen Luftschiffbau erreicht worden. Obwohl nur wenige Meter länger als ›Graf Zeppelin›, faßte LZ 129 mit 41,2 m größtem Durchmesser fast doppelt soviel Traggas wie der »Graf«, und man hätte in diesem Giganten 1750 Schnellzuglokomotiven unterbringen können!

Die Deutschlandfahrt

Vom 26. bis 29. März 1936 führte LZ 129, der kurz vorher ›Hindenburg‹ nach dem 1934 verstorbenen Feldmarschall Paul von Hindenburg getauft worden war, gemeinsam mit LZ 127 ›Graf Zeppelin‹ eine Deutschlandfahrt durch. Der ›Graf‹, der jetzt schon im achten Betriebsjahr stand, wurde von Kapitän Hans von Schiller geführt, »Hindenburg« von Kapitän E. A. Lehmann. Diese Deutschlandfahrt war Teil einer großangelegten nationalsozialistischen Kampagne für die Wahl am 29. März. Millionen von Flugblättern und Tausende von Fähnchen wurden abgeworfen. Über eine Sendeanlage für Rundfunk und Lautsprecher erklangen über den deutschen Städten Sprechchöre: »Hindenburg mahnt! Tut Eure Pflicht, steht zum Führer!« und Wahlparolen: »Wahlpflicht ist Ehrenpflicht, Wahlrecht ist Wahlpflicht, Deine Stimme dem Führer!« Und immer wieder Marschmusik und die Klänge des Deutschlandliedes und des Horst–Wessel–Liedes. Am 26. März um 18.00 Uhr landete ›Hindenburg‹ und wurde in die neuerbaute, geräumige Luftschiffhalle Friedrichshafen–Löwenthal gefahren. 6576 km waren ohne Unterbrechung in 75 Stunden zurückgelegt worden.

Im Lauf des Jahres 1936 machte ›Hindenburg‹ mehrere Fahrten im Nordatlantikdienst und nahm im Herbst des Jahres mit ›Graf Zeppelin‹ den Südamerikadienst auf.

Die Katastrophe von Lakehurst vom 6. Mai 1937

Am 4. Mai startete LZ 129 von der neuerrichteten Rhein–Main–Basis außerhalb von Frankfurt/Main zu seiner ersten Fahrt (von vorgesehenen achtzehn) nach den USA. Die Führung hatte jetzt Max Pruß, dem Kapitän Lehmann als Beobachter zur Seite stand. An Bord befanden sich 96 Personen: 60 Mann Besatzung und 36 Passagiere. Am späten Nachmittag des 6. Mai stand das Schiff über dem Flughafen Lakehurst, wegen ungünstiger Witterung mit Verspätung. Der Chef der Basis, Fregattenkapitän Charles E. Rosendahl und eine 228 Mann starke Landemannschaft standen für das Landemanöver bereit. Wegen eines örtlichen Gewitters erhielt Max Pruß per Funk die Anweisung, mit der Landung zu warten. Als sie endlich ungefährlich zu sein schien, wurden die Haltetaue geworfen. Die Mannschaft hatte bereits die Steuerbordtaue ergriffen,und das Backbordankertau war mit dem Aufholwagen verkoppelt, als das Hauptbugkabel aus der Nase des Luftschiffes herabgelassen wurde. Da hörte man im Heck einen dumpfen Knall, und ein Beben ging durch den Schiffskörper. Während des Landmanövers war Lehmann zu Max Pruß in die Führerkabine gekommen. Ehe sie die Ursache des unheimlichen Knalls ergründen konnten, schlug eine hohe Flamme vom Heck her über der Führergondel zusammen. Heftige Vibrationen gingen durch das Schiff. Es berührte den Boden, wurde durch den Aufprall hochgeschleudert und brach unter einem riesigen Pilz von Flammen und Rauch auseinander. Einige Passagiere und Mannschaftsmitglieder waren Sekunden zuvor aus dem brennenden Schiff gesprungen, um ihr Leben zu retten. Als letzte sprangen Kapitän Pruß und Ernst A. Lehmann ab. Beide hatten schwere Verbrennungen erlitten. Kapitän Lehmann erlag am folgenden Tag seinen Verletzungen.

Die schreckliche Bilanz: 35 Tote – 13 Passagiere und 22 Mann der Besatzung!

Von diesem Tag an wurde der Fahrbetrieb des LZ 127 ›Graf Zeppelin‹ eingestellt.

Über die Ursache der Katastophe von Lakehurst gab es viele Gerüchte; auch von Sabotage wurde gesprochen.

Die Untersuchungskommission, die aus deutschen und amerikanischen Fachleuten bestand, und der auch Dr. Eckener und Dr. Dürr angehörten, kam zu folgendem Ergebnis:

»... *Beweise für die Ausführung eines Gewaltaktes konnten trotz gründlichster Nachforschungen nicht erbracht werden. Die Möglichkeit einer gewaltsamen Zerstörung des Luftschiffes muß aber, da eine andere*

Entstehungsursache ebensowenig bewiesen werden kann, zugegeben werden.
Vielleicht größere Wahrscheinlichkeit für die Entstehung des Brandes hat andererseits auf Grund der durchgeführten Versuche und Ermittlungen die unbeabsichtigte Zündung als Folge ungünstiger Umstände. Es müssen aber immer, wenn man diese Möglichkeit unterstellt, zwei Hauptvoraussetzungen zusammengetroffen sein:
1. das Vorhandensein einer brennbaren Mischung von Wasserstoff und Luft;
2. das Auftreten einer Zündung zur Entflammung dieses Gemisches.«

In der Schlußfolgerung des Untersuchungsausschusses heißt es:
»Der Untersuchungsausschuß hat im vorstehenden eine Reihe von Möglichkeiten aufgeführt, die das Unglück am Luftschiff ›Hindenburg‹ vom 6. Mai 1937 verursacht haben können. Trotz ausführlicher Vernehmung sämtlicher Zeugen, trotz eingehender Besichtigung und Durchsuchung des Wracks, und trotz Auswertung aller über den Verlauf des Brandes Auskunft gebenden Bilddokumente ist für keine der oben aufgeführten Möglichkeiten ein völlig sicherer Beweis zu finden. Angesichts der Tatsache, daß im deutschen Zeppelinluftschiffverkehr in einem jahrzehntelangen Fahrbetrieb bei Benutzung des Wasserstoffes als Traggas Unfälle nicht aufgetreten sind, und auf Grund aller Zeugenaussagen und Untersuchungen hat der Ausschuß die Überzeugung gewonnen, daß seitens sämtlicher für die reibungslose Durchführung des Luftschiffverkehrs verantwortlichen Stellen alles getan war, um ein Unglück zu verhüten. Falls daher nicht eine der vorher erwähnten verbrecherischen Anschlagsmöglichkeiten in Frage kommt, kann der Ausschuß als Ursache des Luftschiffbrandes nur das Zusammentreffen einer Reihe umglücklicher Umstände als einen Fall höherer Gewalt annehmen...«

Da Deutschland trotz weiterer Bemühungen Dr. Eckeners kein Helium von Amerika erhielt, endete mit dem Unglück in Lakehurst der Weltluftverkehr deutscher Luftschiffe.

Daten des LZ 129 ›Hindenburg‹

Länge: 245,00 Meter
Durchmesser: 41,2 Meter
Volumen: 200 000 m³
Nutzlast: 60,0 Tonnen
Motoren: vier Daimler-Diesel LOF 6 von je 1050 PS
Geschwindigkeit: 36,4 m/sek
Führung: Dr. Eckener, Kapitän Lehmann, Kapitän Pruß
Standorte: Frankfurt/Main und Friedrichshafen-Löwental
insgesamt 63 Fahrten

LZ 130 ›Graf Zeppelin II‹ – 1. Fahrt am 14. September 1938

LZ 130 machte nur noch 30 Werkstatt- und Probefahrten.

Daten des LZ 130 ›Graf Zeppelin II‹

wie LZ 129 ›Hindenburg‹

Führung: Dr. Eckener, Kapitän v. Schiller, Kapitän Sammt

Standorte: Friedrichshafen-Löwenthal und Frankfurt/Main
Im März/April 1940 auf Befehl Görings zerstört.

1050-PS-Motor des LZ 129

Elektrizitätszentrale

Speisesaal

Ecke in der Halle mit Aufgang zum Speisesaal

Kabine

Küche

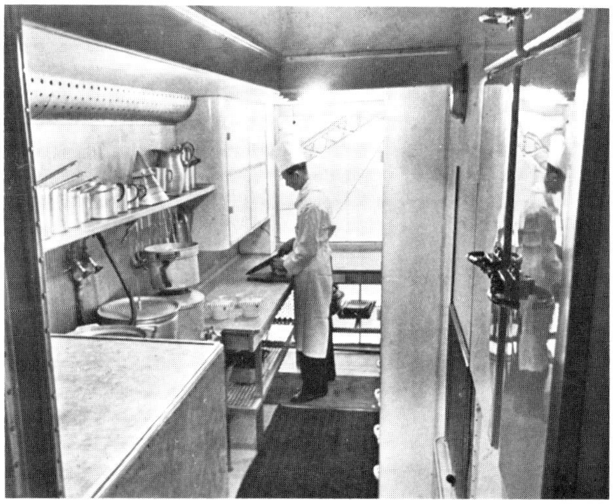

Vor der Fertigstellung

◀ Daimler-Benz-Motor des LZ 130

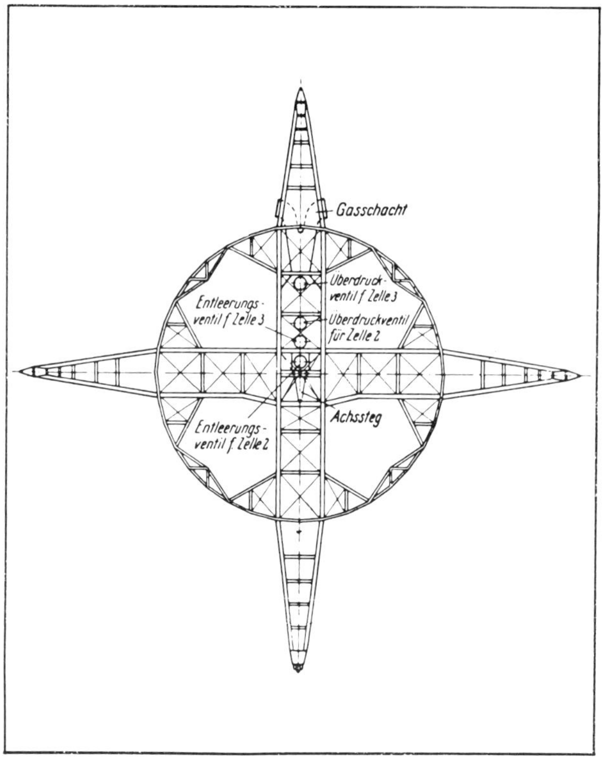

Seiten- und Höhenflosse. Oben Gasschacht. Querschnitt eines Hauptrings mit Leitwerksspanten.

LZ 130. Montage der Bugspitze ▶

Unten links: Leitwerks-Hauptring. Versteifung durch Ringkreuz zur Aufnahme der Leitwerkskräfte

Größtbelastung einer Leitwerksflosse mit Ruder,
10 Tonnen = 125 Personen ▼

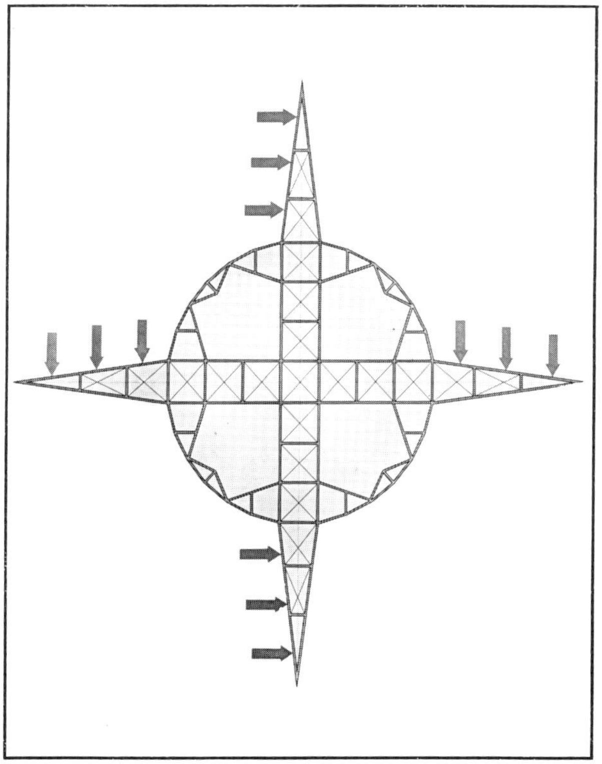

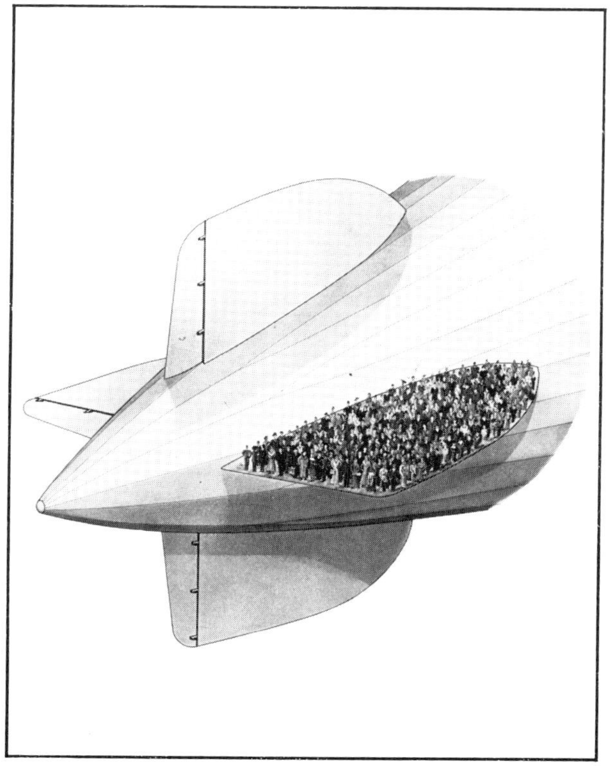

Auf Befehl Görings wurden 1940 die Luftschiffe gesprengt. Hier LZ 130 »Graf Zeppelin«

Die Führergondel des LZ 130

LZ 131

Dieses Luftschiff sollte ein Volumen von 223 000 m^3 erhalten, doch über die Fertigung einiger Ringe kam das Projekt nicht hinaus. In Anbetracht der angespannten militärischen Lage wurde der Bau eingestellt. Das Luftschiff hatte sich als Verkehrsmittel des Friedens hervorragend bewährt; für eine Verwendung in einem modernen Krieg war es völlig ungeeignet.

Front-Postkarten mit Zeppelin-Motiv

Reichmarineluftschiff. Wacht an deutscher Ostseeküste.

Nach einem Gemälde von Prof. Hans Rudolf Schulze, Berlin.

Stolz weht die Flagge Schwarz-Weiss-Rot.

Anhang

Die Besatzung des LZ 127 ›Graf Zeppelin‹ während der Weltfahrt vom 15. 8. bis 4. 9. 1929:

Führer:	Dr. H. Eckener
Wachhabende:	E. A. Lehmann, H. C. Flemming, H. v. Schiller
Navigation:	A. Wittemann, M. Pruß, H. Ladwig
Höhensteuer:	A. Sammt, H. Bauer, Frz. Bartschat
Seitensteuer:	L. Marx, K. Schönherr, R. Müller
Zur besonderen Verfügung:	Knut Eckener
Maschineningenieure:	W. Siegle, K. Beuerle, K. Rösch
Maschinenmeister:	A. Grözinger
Zellenwart:	L. Knorr
Funkpersonal:	W. Speck, L. Freund
Motorenwarte:	J. Auer, M. Christ, W. Dimmler, W. Fischer, R. Halder, A. Leichtle, H. Pfaff, O. Rösch R. Schädler, E. Schäuble, J. Schreibmüller, A. Thasler, B. Weber, A. Wenzler, G. Zettel
Elektrowart:	P. Lenz
Obersteward:	H. Kubis
Stewardsgehilfe:	E. Fischbach
Küchenchef:	O. Manz

Die Besatzung des LZ 127 ›Graf Zeppelin‹ während der Arktisfahrt vom 24. 7. bis 30. 7. 1931:

Führer:	Dr. H. Eckener
Wachhabende:	E. A. Lehmann, H. C. Flemming, H. v. Schiller
Navigation:	A. Wittemann, M. Pruß, A. Sammt, H. Ladwig
Höhensteuer:	Knut Eckener, H. Bauer, Frz. Bartschat
Seitensteuer:	K. Schönherr, J. Geier
Fahringenieur:	K. Beuerle
Fahrmeister:	A. Grözinger
Motorenwarte:	J. Auer, M. Christ, W. Dimmler, W. Fischer, A. Leichtle, O. Rösch, R. Schädler, E. Schäuble, A. Thasler, A. Wenzler
Zellenwart:	L. Knorr
Elektromeister:	P. Lenz
Funkpersonal:	W. Dumcke, L. Freund, E. Krenkel (UdSSR)
Obersteward:	H. Kubis

Wissenschaftler und Berichterstatter an Bord des LZ 127 ›Graf Zeppelin‹ während der Arktisfahrt vom 24. 7. bis 30. 7. 1931:

Deutschland:	Prof. Dr. L. Weickmann, Leipzig Prof. Dr. A. Karolus, Leipzig Hptm. a. D. W. Bruns, Generalsekretär der Aeroarctic, Berlin Dr. med. L. Kohl–Larsen, Arzt und Polarforscher, Allensbach Dr. Ing. C. Aschenbrenner, Photovermessung, München Dipl.-Ing. W. Basse, Photovermessung, Berlin W. Bosshard, Bildberichterstatter (Ullstein), Berlin A. Köstler, Journalist (Ullstein), Berlin R. Hartmann, Filmberichter, Berlin
USA:	Lt. Cdr. E. H. Smith, US-Navy, Washington Lincoln Ellsworth, Polarforscher, New York
UdSSR:	Prof. R. Samoilowitsch, Polarforscher, Leningrad Prof. P. Moltschanow, Elektrophysiker, Leningrad Dipl.-Ing. Aßmann, Moskau
Schweden:	Dr. G. S. Ljungdahl, Stockholm

Besatzungs- und Passagierliste der letzten Fahrt des ›Hindenburg‹

(Die Opfer der Lakehurst-Katastrophe sind mit † bezeichnet)

Führung:	Kapitän Max Pruß
Wachhabende:	Albert Sammt, I. Offizier; Heinrich Bauer, Walter Ziegler, II. Offiziere
Navigation:	Franz Herzog, Max Zabel, Christian Nielsen, III. Offiziere
Steuer:	Alfred Bernhard†, Eduard Boetius, Ernst Huchel†, Helmut Lau, Kurt Bauer, Kurt Schönherr
Zellenpflege:	Ballonmeister: Ludwig Knorr† Zellenpfleger: Ludwig Felber†, Hans Freund, Erich Spehl†
Funkpersonal:	Willy Speck†, Ob. Funkinspektor Funkoffiziere: Herbert Dowe, Franz Eichelmann† Egon Schweikart
Leit. Ingenieur:	Rudolf Sauter
Fahrmeister:	Wilhelm Dimmler†, Eugen Schäuble, Raphael Schädler
Ob. Maschinisten:	Eugen Bentele, Josef Schreibmüller†, German Zettel
Maschinisten:	Walter Bahnholzer†, Rudi Bialas†, August Deutschle, Jonny Doerflein, Adolf Fischer, Albert Holderried†, Richard Kollmer, Robert Moser†, Alois Reisacher†, Theodor Ritter, Willy Scheef†, Wilhelm Sterb, Alfred Stöckle†
Elektroingenieur:	Philip Lenz
Elektriker:	Josef Leiprecht, Ernst Schlapp†

Bordarzt:	Dr. med. Kurt Rüdiger
Obersteward:	Heinrich Kubis
Stewards:	Fritz Deeg, Max Henneberg, Severin Klein, Eugen Nunnenmacher
Barsteward:	Max Schulze†
Stewardess:	Emilie Imhoff†
Messesteward:	Werner Franz
Chefkoch:	Xaver Maier
Konditor:	Albert Stöffler
Köche:	Albert Grözinger, Richard Müller†
Kochgehilfe:	Fritz Flackus†
Als Gäste und zur Information:	Dipl.-Ing. E. A. Lehmann† Kapt. A. Wittemann
Passagiere:	Leonhard Adelt, Frau Gertrud Adelt, Ernst Rudolf Anders†, Ferdinand Belin, Birger Brinck†, Karl Otto Clemens, Hermann Doehner†, Frau Mathilde Doehner, Irene Doehner†, Walter Doehner, Werner Doehner, J. Burtis Dolan†, Edward H. Douglas†, Friedrich Erdmann†, Otto Ernst†, Frau Else Ernst, Moritz Freibusch†, George Grant, Klaus Hinkelbein, Georg Hirschfeld, Marie Kleemann, Ernst Knöcher†, William G. Leuchtenberg, Philipp Mangone, Margaret Mather, Nelson Morris, Herbert J. O'Laughlin, Clifford L. Osborn, John Pannes†, Frau Emma Pannes†, Otto Reichhold†, Joseph Spah, Emil Stöckel, Hans Vinholt, Rolf von Heidenstamm, Hans Hugo Witt

Quellenverzeichnis

1. Die deutschen Marine-Luftschiffe
von Paul Schmalenbach
2. Auf Luftpatrouille und Weltfahrt
von E. A. Lehmann
3. Deutsche Luftschiffe
von Dr. Otto Dieckerhoff
4. Zeppelinbuch
von Hans v. Schiller
5. Zeppelin, Wegbereiter des Weltluftverkehrs
von Hans v. Schiller
6. Ballons und Luftschiffe
von Lennart Ege

Die Abbildungen des Farbteiles Seite II und IV erscheinen mit freundlicher Genehmigung der Stadtverwaltung Friedrichshafen (Zeppelinmuseum), das Foto des Schutzumschlages stellte uns freundlicherweise das Kulturamt-Stadtarchiv der Stadt Lindau zur Verfügung.

Das restliche Bildmaterial wurde von der Zeppelin-Kameradschaft, Zeppelinheim (bei Neu-Isenburg) und vom Imperial War Museum, London, zur Verfügung gestellt.

Abkürzungen/ Erklärungen

LZ	=	Luftschiff Zeppelin
L	=	Marineluftschiff (mit den Nummern 1–72)
Z	=	Heeresluftschiff (mit einer römischen Ziffer: von Z I – Z XII)
Ersatz Z I pp.	=	Ersatzbauten der ersten an das Heer gelieferten Schiffe

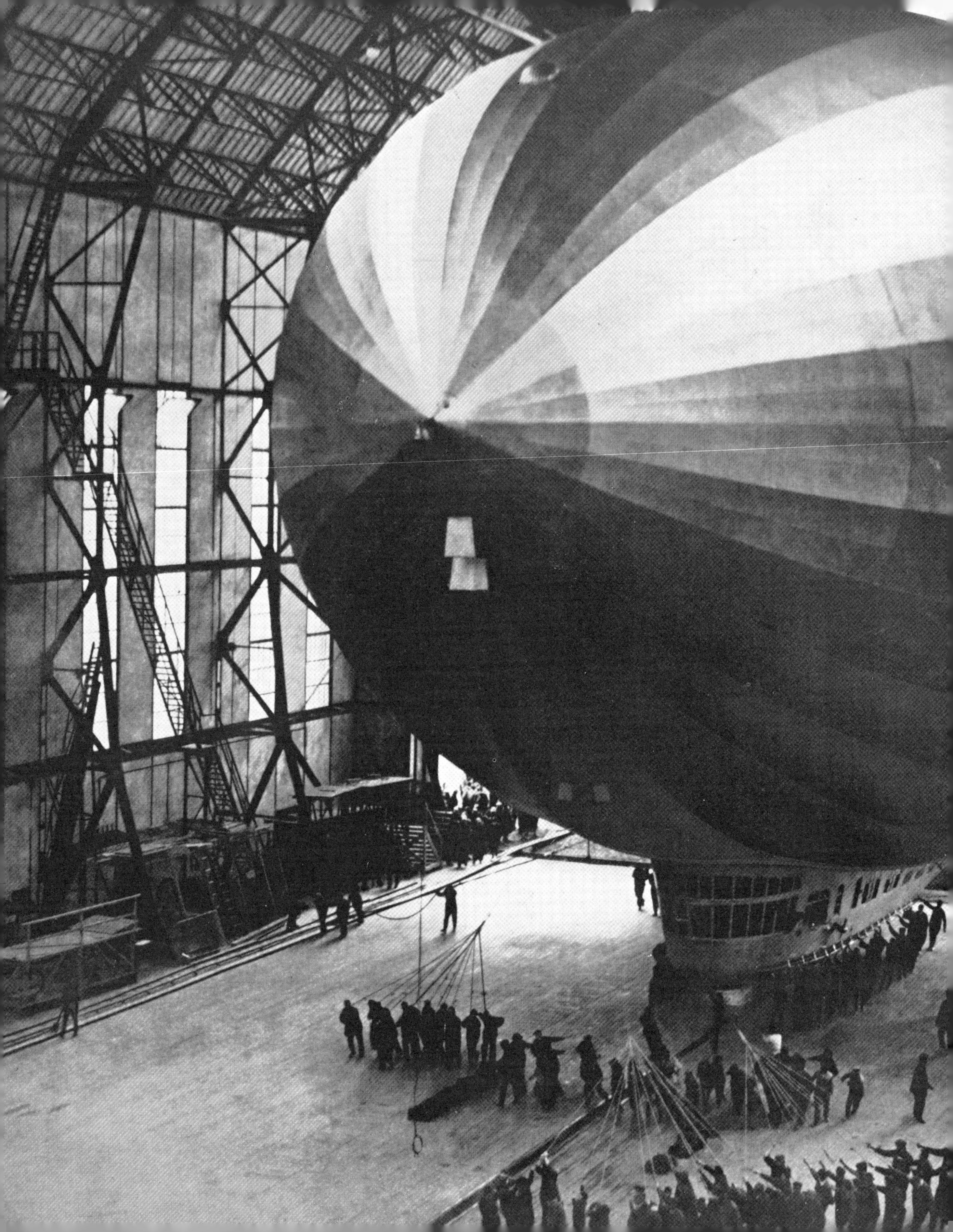